Les physiciens sont-ils des intellectuels ?

Acteurs de la Science

Fondée par Richard Moreau,
professeur honoraire à l'Université de Paris XII
Dirigée par Claude Brezinski,
professeur émérite à l'Université de Lille

La collection Acteurs de la Science est consacrée à des études sur les acteurs de l'épopée scientifique moderne ; à des inédits et à des réimpressions de mémoires scientifiques anciens ; à des textes consacrés en leur temps à de grands savants par leurs pairs ; à des évaluations sur les découvertes les plus marquantes et la pratique de la Science.

Dernières parutions

Jean Dominique BOURZAT, *Une dynastie de serruriers à la cour de Versailles. Les Gamain*, 2016.
François TRON,*Maladies auto-immunes. Quand notre système de défense nous trahit*, 2015
Roger TEYSSOU, *Orfila. Le doyen magnifique et les grands procès criminels au XIXè siècle. El decano magnifico*, 2015
Gilles GROS, *Histoire et épistémologie de l'anatomie et de la physiologie en art dentaire, de l'Antiquité à la fin du XXe siècle*, 2015
Simon BERENHOLC, *L'Homme social, à son corps dépendant. Analogies comportementales entre les cellules biologiques et les sociétés humaines*, 2015.
Robert LOCQUENEUX, *Baromètres, machines pneumatiques & thermomètres, Chez & autour de Pascal, d'Amontons & de Réaumur*, 2015.
Pierre de FELICE, *Mille ans d'astronomie et de géophysique. D'Aristote au Haut Moyen Age,* 2014.
Charles BLONDEL, *La psychanalyse*, 2014.
Philippe LHERMINIER, *La valeur de l'espèce. La biodiversité en questions*, 2014.
Roger TEYSSOU, *Freud, le médecin imaginaire... d'un malade imaginé*, 2014.
Robert LOCQUENEUX, *Sur la nature du feu aux siècles classiques. Réflexions des physiciens & des chimistes*, 2014.
Roger TEYSSOU, *Une histoire de la circulation du sang, Harvey, Riolan et les autres, Des hommes de cœur, presque tous*..., 2014

Jean Perdijon

Les physiciens sont-ils des intellectuels ?

Petit traité (illustré) de culture physique

L'Harmattan

Du même auteur

Relation d'incertitudes, PUG, Grenoble, 1991.

Le Contrôle des matériaux,
PUF, Paris, 1996 ; Dunod, Paris, 2003.

La Mesure, Flammarion,
Paris, 1998 ; Dunod, Paris, 2004 ; Vuibert, Paris, 2012.

De l'Univers, Ellipses, Paris, 2000.

Les Grandes idées de la physique, Dunod, Paris, 2002.

Einstein, la relativité et les quanta, L'Harmattan, Paris, 2005.

La Formation des idées en physique, Dunod, Paris, 2007.

Histoire de la physique, Dunod, Paris, 2008.

La Solitude du cosmologiste, L'Harmattan, Paris, 2008.

La Nature a-t-elle des principes ?, Vuibert, Paris, 2010.

L'Horizon ou le refus de l'infini, Vuibert, Paris, 2011.

Le Quantique : un paradoxe de la relativité ?,
DésIris, Gap, 2014.

La Matière noire : substance exotique ou effet relativiste ?,
DésIris, Gap, 2015.

5-7, rue de l'Ecole-Polytechnique, 75005 Paris

http://www.harmattan.fr
diffusion.harmattan@wanadoo.fr

ISBN : 978-2-343-08698-9
EAN : 9782343086989

Fait surprenant au pays des Lumières, le monde de la culture semble exclure délibérément les scientifiques de son sein au point que dans la grande presse ceux-ci ne sont même pas considérés comme des « intellectuels ».

Jean-Pierre Changeux (dans *La Quinzaine Littéraire*)

Personne ne doute que l'art appartient, de façon constitutive, à la culture ; quant à la science, rien n'est moins certain. On peut au choix souhaiter sa mise en culture, ou redouter sa mainmise sur la culture, mais son existence comme forme culturelle n'est pas évidente, loin s'en faut. Et l'idée que je voudrais défendre, c'est qu'il manque justement à la science une composante essentielle de toute activité culturelle : la dimension critique.

Jean-Marc Lévy-Leblond (*La pierre de touche*)

(cul de lampe de Christophe)

Eurêka !

Tandis que, par la force même des choses, s'appesantit sur la recherche et sur l'enseignement scientifique le poids des structures administratives et des préoccupations financières et la lourde armature des réglementations et des planifications, il devient plus indispensable que jamais de préserver la liberté de la recherche et la libre initiative des chercheurs originaux parce qu'elles ont toujours été et resteront toujours les sources les plus fécondes des grands progrès de la Science.

Louis de Broglie (cité dans les *Annales de la fondation Louis de Broglie*)

Avant-propos

Il est classique d'opposer les cultures humanistes et scientifiques, mais certains vont jusqu'à nier la seconde, en dénonçant la démarche scientifique comme illusoire et même dangereuse. D'autres affirment que « la culture ne peut se ramener à un savoir », ajoutant que « l'important n'est pas de savoir, mais de relativiser[1] » ; à ce compte, seule l'activité théorique de la science pourrait bénéficier du label culturel. Il faut enfin reconnaître que bien des scientifiques, confinés dans leur petit monde universitaire, ont tendance à laisser aux philosophes l'étude des fondements et de l'histoire de leur science.

Selon Lévy-Leblond[2], un critère de culture pourrait être la possibilité de critiquer : la physique constituerait un élément de la culture si elle pouvait être critiquée comme n'importe lequel des beaux-arts ou même comme une partie de tennis. Malheureusement, le dialogue entre profanes et professionnels est plus difficile à établir que pour un tableau ou un match. Car la physique est une science dure, avec beaucoup de mathématiques, et c'est peut-être parce que les médias ont du mal à la comprendre, donc à la critiquer quand il le faut, que les physiciens ont le sentiment de ne pas être considérés comme des intellectuels à part entière, mais comme des techniciens ou des spécialistes cantonnés dans leur domaine : on se venge de ce qu'on ne peut critiquer en le rejetant de sa culture.

---

1. B. Noël, *L'Outrage aux mots.*

2. Voir citation p. 5.

Vous avez aimé les dessins de Sidney Harris sur les scientifiques ? On y voit par exemple Einstein essayant d'abord $E = ma^2$ puis $E = mb^2$ avant de tomber sur la bonne formule. C'est le genre d'humour que les physiciens aiment afficher dans leur bureau ou glisser entre deux transparents sur leur rétroprojecteur. Peut-être apprécierez-vous ce petit recueil où j'ai rassemblé la plupart des dessins que j'ai été amené à réaliser pour rendre moins austère la douzaine d'ouvrages que j'ai publiés depuis 1991 sur la physique. Le trait n'est certes pas assuré comme chez Harris, mais je crois que l'esprit critique y est tout aussi présent, comme dans le dialogue qui les lie : deux universitaires conversant dans un parc.

« Nous allâmes donc, un soir après souper, nous promener dans le parc »…

Les physiciens et les philosophes, dont le nom est suivi d'un astérisque à leur première occurrence dans le texte, font l'objet d'une brève notice en fin d'ouvrage (p. 93). Un complément d'information est ensuite donné (p. 97) sur certaines notions un peu techniques de la physique, qui sont précédées d'un astérisque à leur première occurrence.

I

Tout le ciel dans un jardin

Quand on regarde la voûte étoilée comme les bergers de l'antique Chaldée, on est partagé entre deux sentiments. D'une part, on sent monter en soi un émerveillement et une impression d'harmonie, et on se sent fondre progressivement dans une sorte de communion universelle : on n'est plus qu'un atome qui a sa place dans le Grand Tout. Et, d'autre part, la raison reste confondue par cette pluralité de mondes et par toute cette complexité qui dépasse l'entendement. Puis, quand on pense à l'ordre qui a été mis dans le mouvement des planètes par des génies comme Brahe*, Kepler* et Newton*, on se prend à espérer que tout cet incroyable embrouillamini n'est peut-être qu'apparent. Et, quand on étudie enfin un peu la *relativité d'Einstein*, on se met à rêver d'un principe unitaire qui gouvernerait l'Univers par la raison.

Mais il faut d'abord se débarrasser de cet affreux doute introduit par l'évêque Berkeley*. Ces étoiles existent-elles en dehors de ma pensée, existent-elles encore quand un nuage vient à les cacher ? Ou bien ne sont-elles qu'un produit de mon imagination ? Admettons avec Descartes* que notre pensée assure notre existence. Ensuite, la conscience de la réalité, l'idée de l'existence d'un monde extérieur qui nous entoure, viennent de l'adéquation entre les

Le savant et le cosmos

C'est une bien faible lumière qui nous vient du ciel étoilé. Que serait, pourtant, la pensée humaine, si nous ne pouvions pas percevoir ces étoiles ?

Jean Perrin (préface à *L'Architecture de l'univers* de P. Couderc) actions que nous tentons avec nos muscles et les réactions que nous ressentons par nos sens ; ainsi ce crayon sur mon bureau, que je pousse avec mon doigt. Mais la reconnaissance d'une telle adéquation est autoréférente, car elle suppose une connaissance préalable des relations entre ces actions et ces réactions ; et cette connaissance ne peut résulter que de l'expérience. Ainsi, la réalité est d'abord posée avant d'être ensuite reconnue et voilà qui pourrait bien militer en faveur de la thèse du diabolique évêque. D'autant plus que la situation est encore pire quand il s'agit d'astronomie : aucune action humaine ne pourra jamais modifier l'état du ciel et notre expérience devra à jamais se borner à une observation passive. Alors, ce n'est plus qu'une affaire entre nos yeux et notre cerveau, où le monde extérieur n'intervient que par quelques photons égarés et à bout de souffle. Il n'y a malheureusement aucun argument à opposer au *solipsisme* et seul un acte de foi est capable de briser la circularité du raisonnement, pour nous permettre de croire à l'hypothèse d'un monde réel et indépendant de nous.

Et, comme si un tel sacrifice ne suffisait pas, la démarche scientifique réclame un second acte de foi, celui de penser que ce monde réel est en plus intelligible. Comprendre, c'est ramener à du connu ou rendre évident. C'est mettre dans un tout, incorporer, généraliser des lois, unifier l'Univers. C'est donc d'une certaine façon faire la démarche inverse : après avoir dissocié le monde extérieur de notre pensée, nous réintégrons dans notre cerveau tout ce qui nous est extérieur. Mais il s'agit cette fois d'idées et non d'objets réels. Cependant, la relation est encore autoréférente, car le concept d'un objet ne peut être élaboré qu'en présence de cet objet, alors que l'objet ne peut être reconnu que si on en a déjà le concept. Comme précédemment pour le crayon, on ne sait jamais très précisément comment et quand on est amené à définir un nouveau

(d'après une gravure de Camille Flammarion)

Les mécanismes du monde

Souvent alors j'ai cru que ces soleils de flamme
Dans ce monde endormi n'échauffaient que mon âme ;
Qu'à les comprendre seul j'étais prédestiné ;
Que j'étais, moi, vaine ombre obscure et taciturne,
Le roi mystérieux de la pompe nocturne ;
Que le ciel pour moi seul s'était illuminé !

Victor Hugo (*Les Feuilles d'automne*)

concept lors des expériences que nous avons de la relation entre nos actions et les réactions du monde. Nous commençons par des modèles simples et, encouragés quand ils marchent, nous les perfectionnons pour les appliquer à des problèmes de plus en plus complexes. Nous essayons d'expliquer la réalité par la compréhension des représentations que nous en donnons, grâce en particulier à l'incroyable puissance des mathématiques. Mais il ne faut jamais confondre la carte avec le territoire, seul un va-et-vient constant entre le dessin de la carte et l'observation du territoire permet une bonne adéquation des relations qui existent entre les deux.

*

*   *

Qu'il fasse beau, qu'il fasse laid, c'est mon habitude d'aller, sur les quatre heures du soir, me promener au Luxembourg. C'est moi qu'on voit toujours seul, rêvant sur un banc ou sur une chaise. Je m'entretiens avec moi-même de science, de philosophie, de politique… C'est l'homme avec son doute et son insatiable besoin de *système*.

C'était un bel après-midi vers la fin avril, au milieu des années 90. Comme aujourd'hui, les jardiniers s'affairaient autour des jeunes plantations, comme aujourd'hui, des étudiants révisaient leurs polycopiés, comme aujourd'hui, je ressassais déjà le même genre d'idées. J'étais seul, peut-être assis sur la même chaise qu'aujourd'hui : à ma gauche le Palais, à ma droite le bassin. Mon regard se perdait dans la direction de la fontaine de Médicis quand je reconnus, débouchant de l'allée venant de l'Observatoire, la large silhouette de mon ancien directeur de thèse : veste en cuir, chemise ouverte, cheveux en bataille, c'était le professeur Fausten.

Au Luxembourg

Pouvons-nous rejeter de notre esprit ce que tant de générations intelligentes y ont versé de bon ou de funeste ? L'ignorance ne s'apprend pas.

Gérard de Nerval (*Aurélia*)

Hugo Fausten est né le 12 avril 1924 à Paris. Cosmologiste internationalement reconnu, il est l'auteur d'une théorie concurrente du **big bang*. On sait moins qu'il s'est aussi préoccupé de physique fondamentale ; sa thèse de doctorat portait sur la *mécanique quantique considérée comme un paradoxe de la relativité. Son non-conformisme scientifique lui a valu de graves problèmes de carrière. Ses démêlés avec le grand patron de l'astronomie française au début des années 50, dont il avait le malheur de ne pas être un élève, l'avaient obligé à s'expatrier un long temps en Australie, ce qui lui permit d'explorer un ciel jusqu'alors peu étudié. C'est là qu'il rédigea son *Encyclopédie de l'astronomie*, où l'on trouve le premier exposé d'un « Univers-*trou noir ».

Ceux qui l'ont bien connu disaient qu'il était un peu amer : convaincu de ne pas être reconnu à sa juste valeur, il aurait aimé qu'on lui proposât des médailles pour mieux les refuser. Son horreur des mondanités et de la médiatisation l'avait sûrement desservi : il savait décliner une invitation et il n'était pas l'un de ces intellectuels qui se précipitent dans les studios pour donner leur avis sur tout : « Quand on veut éviter d'être un charlatan, il faut fuir les tréteaux[1] », s'excusait-il. Ce qui ne l'empêchait pas de dire en privé « librement [s]on avis de toutes choses[2] ». Et il était quand même académicien.

Les circonstances de sa mort n'ont pas été complètement éclaircies. On sait qu'il disparut vers la fin du séminaire qu'il dirigeait à l'occasion de son jubilé. C'était en novembre 1995 dans un petit village des Hautes-Alpes. La neige s'était enfin arrêtée. Un beau ciel clair au réveil. Les branches des mélèzes retrouvaient leur couleur mordorée et les épilobes redressaient leur tête cotonneuse. Tout le

1. Chamfort, *Maximes*.

2. Montaigne, *Essais*.

Le jardin des physiciens

À l'idée fantastique et énervante d'un Univers arrangé pour l'homme, nous substituons la conception réelle et vivifiante de l'homme découvrant, par un exercice positif de son intelligence, les vraies lois générales du monde.

Auguste Comte (*Cours de philosophie positive*)

monde s'était retrouvé après le petit-déjeuner devant le chalet pour la traditionnelle photo de groupe. Puis le professeur avait proposé de profiter de la belle poudreuse qui était tombée durant plus de deux jours pour faire une randonnée en raquettes.

D'après le témoignage de l'un des participants[1], la petite expédition avança d'abord assez facilement sur les chemins dans la forêt. La pente devint plus forte. La neige était lourde, encore mal stabilisée. Le professeur marchait détaché. Comme d'habitude, il faisait la course en tête ; même en tant que chercheur, il avait toujours aimé faire équipe seul ! À l'entrée de l'éboulis de Casse-Fouira, un nuage était encore accroché à la montagne, un pic noir impressionnant que les alpinistes du coin appellent « la statue du Commandeur ». Le professeur disparut à la vue de ceux qui essayaient de le suivre. Brusquement, un vent glacial se leva, balayant les nuées. On découvrit le corps du professeur au fond d'un ravin, mais personne ne comprit comment il avait pu perdre l'équilibre à cet endroit-là. Peut-être un pont de neige qui s'était écroulé ?

Six mois plus tôt et durant plusieurs semaines, nous nous étions donc retrouvés dans ce jardin les mardis après-midi, jour de sa conférence à l'Observatoire. Le décès de son épouse, « après une longue maladie », avait malheureusement interrompu ces *entretiens du Luxembourg*.

---

1. Voir J. Perdijon, *De l'Univers*, Ellipses, Paris, 2000.

II

À la recherche de l'explication

À l'origine de la physique se trouve la rencontre entre un *phénomène* naturel et la *curiosité* humaine : un arc-en-ciel, une éclipse, un coup de tonnerre… et un esprit en éveil. Mais l'étonnement provoqué par l'observation de la nature peut se borner à un émerveillement stérile : « Assez de gens, disait Fontenelle, ont dans la tête un faux merveilleux enveloppé d'une obscurité qu'ils respectent ; ils n'admirent la nature que parce qu'ils la croient une espèce de magie, où l'on n'entend rien[1]. » L'esprit véritablement curieux, face au phénomène qu'il observe, veut une explication ; peut-être serait-il plus sage s'il attendait d'avoir patiemment rassemblé tous les éléments d'une solution, mais on ne peut lui demander d'être à la fois patient et curieux !

Quand le professeur fut assez proche, je lui fis un signe. Il répondit en m'interpellant :

— Savez-vous enfin pourquoi il y a quelque chose plutôt que rien ?

---

1. Fontenelle, *Entretiens sur la pluralité des mondes habités.*

Peintres impressionnistes

La science n'est pas une collection de lois, un catalogue de faits non reliés entre eux. Elle est une création de l'esprit humain au moyen d'idées et de concepts librement inventés.

Albert Einstein et Leopold Infeld (*L'Évolution des idées en physique*)

— Vaste question ! Mais « [...] l'univers n'est qu'un défaut/Dans la pureté du Non-être[1] ».

— Quelqu'un a dit aussi que « la Création fut le premier acte de sabotage[2] ».

— Venez donc vous asseoir ! « La philosophie donne moyen de parler vraisemblablement de toutes choses et se faire admirer des moins savants[3]. »

— « Malheureusement, elle est comme la Russie : pleine de marécages et souvent envahie par les Allemands[4]. »

— « C'est surtout ce qu'on ne comprend pas qu'on explique. L'esprit humain se venge de ses ignorances par ses erreurs[5]. »

Il vint s'installer sur la chaise à côté de moi. Je lui dis que sa question primordiale me dépassait, mais que j'aurais bien aimé par contre avoir quelques explications sur la nature des choses, puisque de telles choses paraissent exister en ce monde. J'ajoutai :

— Il me semble que le cerveau humain a une exigence fondamentale : celle d'avoir une représentation unifiée et cohérente du monde qui l'entoure, ainsi que des forces qui animent ce monde.

— Vous avez raison, le néant est la chose la plus difficile à concevoir. Faisons donc comme s'il n'existait pas. Quant au reste, vous avez le choix entre trois types d'explication : la *nécessité*, le *hasard* ou le *dessein*. Les physiciens ont toujours espéré que les lois de la nature sont iné-

---

1. P. Valéry, *Charmes*.
2. E. Cioran, *Syllogismes de l'amertume*.
3. R. Descartes, *Discours de la méthode*.
4. R. Nimier, *Le Hussard bleu*.
5. J. Barbey d'Aurevilly, *L'Ensorcelée*.

Kiosque de la physique

Puisque ces mystères me dépassent, feignons d'en être l'organisateur.

Jean Cocteau (*Les Mariés de la tour Eiffel*)

vitables, c'est-à-dire que les choses sont telles qu'elles sont parce qu'il est impossible qu'elles soient autrement. Mais ils n'ont jamais réussi à le prouver ! Deuxième possibilité : les choses ne sont que le fruit du hasard ; il se trouve simplement qu'elles ont pris leur configuration particulière plutôt qu'une autre moins probable. Enfin une troisième option consiste à dire que les choses étaient destinées à être telles qu'elles sont : leur existence résulte d'un but, d'un dessein.

— Vous voulez dire qu'il faut choisir : ou bien les choses sont le produit de lois – déterministes ou probabilistes – qui gouvernent le monde où elles se trouvent ; ou bien elles sont le jeu d'un démiurge qui les dirige d'en haut.

— Les mythes, comme les théories scientifiques, répondent à cette exigence humaine de représentation unifiée dont vous parliez. Ce sont des créations de l'esprit au moyen d'idées et de concepts librement inventés. Dans les deux cas il s'agit d'expliquer ce qu'on voit par ce qu'on ne voit pas, le monde visible par un monde invisible qui est toujours le produit de l'imagination.

— Mais « la grande différence entre mythe et théorie scientifique, c'est que le mythe se fige[1] », alors que la science sait évoluer. « Ce n'est pas le moindre charme d'une théorie que d'être réfutable[2] », dis-je en citant Nietzsche.

— « Le monde réel a ses bornes, le monde imaginaire est infini ; ne pouvant élargir l'un, rétrécissons l'autre ; car c'est de leur seule différence que naissent toutes les peines qui nous rendent vraiment malheureux[3]. » Le *merveilleux* est le moyen qui s'offre au songe humain de s'évader hors

---

1. F. Jacob, *in* É. Noël (dir.), *Le Darwinisme aujourd'hui.*

2. F. Nietzsche, *Par-delà le bien et le mal.*

3. J.-J. Rousseau, *Émile.*

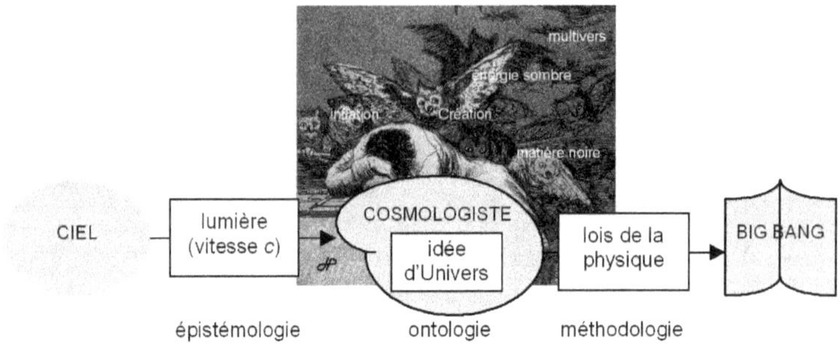

(d'après une gravure de Goya)

Songe du cosmologiste[1]

Nous devrions peut-être attendre pour chercher une solution que nous en ayons patiemment rassemblé les éléments, et que nous ayons acquis par là quelque espoir sérieux de la trouver ; mais si nous étions si raisonnables, si nous étions curieux sans impatience, il est probable que nous n'aurions jamais créé la science.

Henri Poincaré (*Leçons sur les hypothèses cosmogoniques*)

1. L'entreprise cosmologique souffre de trois sortes de limites : (1) du point de vue *ontologique*, l'objet est unique, par définition ; (2) d'un point de vue *épistémologique*, nous ne pouvons l'observer que de l'intérieur, depuis un seul événement de l'espace-temps, et la région visible est limitée par la vitesse de la lumière ; (3) d'un point de vue *méthodologique*, nous sommes réduits à généraliser notre physique terrestre. Enfin, son implication directe dans notre condition humaine la rend très sensible à toute idéologie métaphysique.

des contraintes familières et des explications naturelles, « évasion redoutable, périlleux bris de prison, escalade des escarpements de l'impossible[1] », nous dit Hugo.

— C'est le passage d'un monde régi par les lois de la physique au domaine de l'imaginaire où tout devient possible : une nature physique réenchantée, un au-delà existentiel édénique, un âge d'or politique utopique... Mais que reste-t-il à découvrir ? demandai-je innocemment. Ne possède-t-on pas déjà une *théorie du tout* avec les *supercordes, au point que certains ont proclamé la fin de la physique ?

— Spengler avait déjà annoncé, au début du siècle et pour d'autres raisons, la fin prochaine de la physique : « Après deux siècles d'orgies scientifiques, on en a assez[2] ! » tonnait-il. Chaque culture naît, croît et meurt comme un organisme vivant. Le grand rêve de la physique, qui était de construire une mécanique universelle et cohérente, semblait alors de plus en plus irréalisable ; il y voyait un échec culturel et un signe de décadence, car il pensait que le peuple avait besoin de symboles vivants et non de formalismes abstraits et squelettiques, élaborés par l'élite savante. Et la bombe d'Hiroshima n'a rien arrangé depuis dans l'opinion !

— Alors c'est à nous de dissiper les réserves ou les préventions du peuple.

— Commençons par rendre les physiciens plus curieux d'épistémologie et d'histoire de leur science !

---

1. V. Hugo, *Le Promontoire du songe*.

2. O. Spengler, *Le Déclin de l'Occident*.

III

Les objets du monde physique

D'un point de vue philosophique, il me semble qu'on peut évaluer ou tout au moins caractériser un domaine de connaissance – qu'il s'agisse de science ou de gnose – selon trois critères : comment juger ? comment s'informer ? comment procéder ? Plutôt que de me perdre dans des considérations générales, je lui posai franchement cette première question :

— Quels sont les concepts que vous considérez comme existant réellement, comme étant de vrais objets scientifiques ? Ou, plus simplement, comment porter un jugement ?

— C'est en effet, me dit-il, la question fondamentale, celle de l'*ontologie* comme disent les vrais philosophes. Deux thèses sont en présence : le *réalisme* et l'*opérationnalisme*. D'après la première, si un concept doit être supposé pour expliquer une observation, alors il existe. Au contraire, la seconde n'admet que les concepts qu'on peut définir de façon opératoire : « Une définition opératoire est une définition qui comporte la description d'un procé-

Opérationnalisme ou réalisme ?

Si l'on réduit la science à n'être qu'un ensemble de recettes qui marchent, on n'est pas intellectuellement dans une situation supérieure à celle du rat qui sait que lorsqu'il appuie sur un levier, la nourriture va tomber dans son écuelle.

René Thom (*Prédire n'est pas expliquer*)

dé régulier pour repérer, mesurer, plus généralement atteindre et identifier le concept défini[1]. »

— Mais il faudrait peut-être définir d'abord ce qu'on entend par *objet* en physique. Étymologiquement, l'objet est ce qui est placé devant celui qui regarde. On trouve par exemple chez Racine : « Quel objet pour les yeux d'une amante ! » ou encore chez Descartes : « Les images des objets se forment au fond de l'œil. »

— Feynman* s'est posé la question dans son célèbre *Cours*.

Voici le passage auquel le professeur faisait allusion : « Un objet, qu'est-ce que *c'est ?* Les philosophes disent toujours : "Bon prenez simplement une chaise par exemple." Au moment où ils disent cela, vous savez qu'ils ne savent plus de quoi ils parlent. *Qu'est-ce* qu'une chaise ? Bon, une chaise a une certaine masse… certaine ? combien certaine ? Ses atomes s'évaporent de temps en temps – pas beaucoup d'atomes, mais tout de même un petit peu –, de la poussière tombe sur elle et se dissout dans la peinture ; ainsi il est impossible de définir précisément une chaise, de dire exactement quels atomes sont chaise et quels atomes sont air, ou quels atomes sont poussière, ou quels atomes sont peinture de la chaise ; la masse d'une chaise ne peut être définie qu'approximativement[2]. »

J'appelai à la rescousse le père d'*Alice*, qui constatait que « le monde contient de nombreuses Choses (telles que des *bonbons*, des *bébés*, des *bêtes*, des *battoirs*, etc.) ; et ces choses possèdent beaucoup d'Attributs (tels que *balsamiques*, *beaux*, *bleus*, *brisés*, etc.)[3] ». Faussement naïf, il demandait : « "Une Chose peut-elle exister sans aucun

---

1. J. Ullmo, *La Pensée scientifique moderne*.

2. R. P. Feynman, *Le Cours de physique*.

3. L. Carroll, *The Game of Logic*.

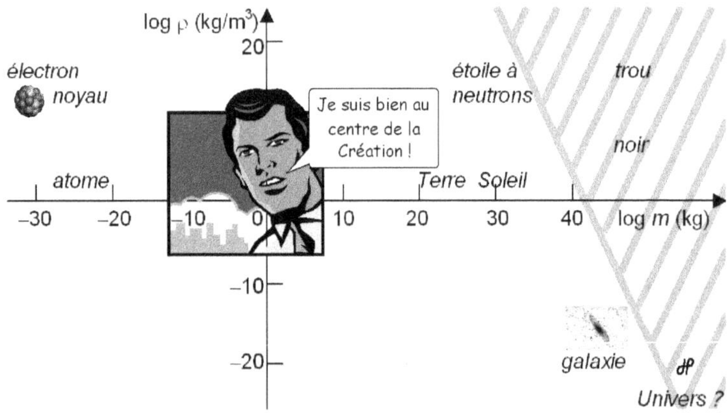

L'échelle du monde[1]

Il y a plus de choses sur la terre et dans le ciel, Horatio,
Que votre philosophie n'en rêve.

William Shakespeare (*Hamlet*)

1. Le diagramme classe quelques objets, depuis l'électron jusqu'à l'Univers, en fonction de leur masse *m* et de leur densité ρ (les coordonnées sont logarithmiques). La partie hachurée à droite correspond aux conditions pour les trous noirs.

Attribut lui appartenant ?” C’est une question très préoccupante et je ne vais pas m’efforcer d’y répondre : détournons notre regard, et traitons-la par un silence méprisant, comme si elle ne valait pas la peine d’être remarquée. »

— Locke* répond à votre logicien : « Ne pouvant concevoir comment des qualités pourraient subsister seules, nous supposons qu’elles existent dans quelque objet commun qui en est le support[1]. » Et Descartes ajoute : « Parce qu’entre les choses créées quelques-unes sont de telle nature qu’elles ne peuvent exister sans quelques autres, nous les distinguons d’avec celles qui n’ont besoin que du concours ordinaire de Dieu, en nommant celles-ci des substances, et celles-là des qualités ou attributs de ces substances[2]. »

— L’objet physique, dis-je pour résumer, serait donc un « porte-qualités »…

— …comme l’arbre est un porte-feuilles et l’oiseau un porte-plumes.

— Vous vous moquez ! Mais l’objet n’a besoin que de lui-même pour exister ou pour être conçu : concret comme une bille de métal, l’objet existe dans la nature indépendamment de toute connaissance ou idée, et l’expérimentateur le caractérise par ses *qualités* qu’il mesure ; abstrait comme une sphère massive, il est également conçu par tout esprit, et le théoricien le définit par les *grandeurs* qu’il lui attache.

— Kant*, dit-il, faisait remarquer que ce qui est connu, c’est le *phénomène* : nos sensations ne se rapportent pas à des corps mais à des phénomènes. Or, d’après Claude Bernard* : « Un phénomène naturel n’étant que l’expression de rapports ou de relations, il faut au moins deux

1. J. Locke, *Essai philosophique concernant l’entendement humain.*

2. R. Descartes, *Principia philosophiæ.*

Chat quantique[1]

M. Bohr*, qui est un peu le Rembrandt de la physique contemporaine car il manifeste parfois un certain goût pour le « clair obscur », a dit des corpuscules qu'ils sont « unsharply defined individuals within finite space-time limits ». Quant à l'onde, elle perd aussi, plus totalement encore que le corpuscule, sa signification physique ancienne : elle n'est plus qu'une représentation de probabilités dépendant des connaissances acquises par celui qui l'emploie.

Louis de Broglie (*Nouvelles perspectives en microphysique*)

1. De Broglie* a posé dans sa thèse, soutenue en 1924, qu'une longueur d'onde était attachée à toute particule, ce qui a été rapidement confirmé par des expériences de diffraction réalisées avec des électrons. Schrödinger* obtint en 1926 une équation d'onde décrivant le comportement spatial et temporel de ces ondes de matière, en fonction du système considéré et des forces auxquelles il est soumis. Heisenberg* a proposé son *principe d'incertitude. Mais c'est Born* qui donna peu après l'interprétation probabiliste de la fonction ψ intervenant dans cette équation. Il en résulte le grave *problème de la mesure, illustré par le chat de Schrödinger à moitié mort à moitié vivant.

corps pour le manifester. De sorte qu'il y aura toujours à considérer : 1° un corps qui réagit ou qui manifeste le phénomène ; 2° un autre corps qui agit et joue relativement au premier le rôle d'un milieu. Il est impossible de supposer un corps absolument isolé dans la nature ; il n'aurait plus de réalité, parce que, dans ce cas, aucune relation ne viendrait manifester son existence[1]. » Par exemple, la masse d'un objet est reconnue par la mise en relation avec une force, qui modifie sa vitesse ; la résistance d'un fil par la mise en relation avec une pile, qui l'échauffe ; le potentiel d'une pile par la mise en relation avec un conducteur, qui dissout le cuivre dans l'électrolyte…

— « Même les propriétés les plus banales, que l'habitude nous fait prendre pour données dans l'objet, sont en fait des relations[2]. »

— On peut donc dire qu'un phénomène est l'idéalisation d'un corps à corps. C'est seulement à partir des multiples relations observées dans des conditions diverses, que nous pourrons construire l'idée de chacun des deux corps en présence.

— Et c'est l'observation qui transforme le phénomène en *fait*.

Je complétai mon affirmation par cette anecdote que raconte Carnap* : « Les faits, pour nous, sont des événements particuliers. "Ce matin, au laboratoire, j'ai fait passer un courant électrique dans une spirale de fil métallique placée autour d'un morceau de fer, et j'ai constaté que le fer s'aimantait." Cela, c'est un fait – à moins, bien entendu, que je n'aie été victime d'une quelconque illusion. Autrement, à moins que j'aie été ivre, que la pièce ait été

1. C. Bernard, *Introduction à l'étude de la médecine expérimentale*.

2. J. Ullmo, *op. cit.*

Dieu ne joue pas aux dés mais, le diable ?

S'il fallait croire que l'interprétation probabiliste était définitive, s'il fallait renoncer à la causalité stricte et admettre des actions instantanées à distance, j'aimerais mieux être cordonnier ou même employé dans un tripot que physicien.

Albert Einstein (lettre à Max Born)

mal éclairée ou que quelqu'un soit venu trafiquer l'appareil en catimini pour me faire une farce, je suis en mesure d'affirmer comme un fait d'observation que, ce matin, la suite d'événements en question a bien eu lieu[1]. »

— Mais « il serait bien affreux que tout fait imbécile/ méritât commentaire, exégèse subtile[2] », ajouta-t-il en riant ! « Nous ne pouvons connaître *tous* les faits, puisque leur nombre est pratiquement infini. Il faut choisir ; dès lors, pouvons-nous régler ce choix sur le simple caprice de notre curiosité[3] ? » Et Poincaré* précise : « Les savants croient qu'il y a une hiérarchie des faits et qu'on peut faire entre eux un choix judicieux ; ils ont raison, puisque sans cela il n'y aurait pas de science et que la science existe. »

— Le fait observé est d'abord un fait remarqué, que nous considérons comme significatif.

— C'est ainsi que la planète Neptune avait été aperçue le 8 mai 1795 par Michel Lalande, mais il l'avait prise pour une étoile. Plus encore, nous accordons une certaine importance à ce fait au nom de certaines idées préconçues ; personne, avant la publication de la relativité générale, ne s'était vraiment intéressé à la déflexion de la lumière des étoiles par le disque solaire !

— Ainsi, résumai-je, le fait est une observation jugée à la fois significative et importante.

— Cependant, un chercheur isolé peut se tromper sans qu'il ait pour autant l'intention de frauder ; rappelez-vous l'affaire des canaux martiens et, plus récemment, la fusion froide ou la mémoire de l'eau. C'est pourquoi le phénomène doit pouvoir être étudié, répété et confirmé par des observateurs indépendants.

---

1. R. Carnap, *Fondements philosophiques de la physique*.

2. R. Queneau, *Le Chien à la mandoline*.

3. H. Poincaré, *Science et méthode*.

Perplexité einsteinienne[1]

Un total de cinquante années de spéculation consciente ne m'a pas rapproché de la réponse à la question « que sont les quanta de lumière ? ». Il est vrai qu'aujourd'hui n'importe quel abruti croit connaître cette réponse, mais il se trompe.

Albert Einstein (lettre à Michele Besso)

1. C'est en 1905 qu'Einstein a énoncé les deux formules $E = mc^2$ et $E = h\nu$. La première, issue de la relativité, a conduit à une nouvelle interprétation de la masse et de l'énergie. La seconde, à l'origine de la mécanique quantique, a conduit à la discrétisation de l'énergie et au photon.

— « Assurons-nous bien du fait avant de nous inquiéter de la cause. [...] Nous éviterons le ridicule d'avoir trouvé la cause de ce qui n'est point[1]. »

*

* *

Nous reprîmes cette poursuite du réel le mardi suivant en constatant que, si on peut se contenter d'un langage littéraire et dire par exemple que le fond de l'air est frais – ce qui était effectivement le cas –, le physicien préfère en donner la température en degrés Celsius ou mieux en kelvins – environ 289 K. Le *principe d'objectivité* exprime la nécessité de remplacer dans la description du monde les données subjectives d'un être humain par des critères que tous peuvent reconnaître. Citant Planck*, mon interlocuteur me dit :

— « Il y a un but permanent dont nous nous rapprochons bien que nous ne puissions jamais l'atteindre complètement. Ce but, ce n'est pas d'établir une coordination parfaite entre nos pensées et nos sensations, c'est d'éliminer de nos idées sur l'univers tout ce qui est propre à l'individualité de l'esprit qui les conçoit[2]. » Il ne s'agit donc pas seulement d'une *intersubjectivité*, permettant à un groupe de se mettre d'accord sur une description pour communiquer.

— Un tel accord suffirait pourtant pour que chacun use des mêmes mots, avec les mêmes définitions, pour désigner les *grandeurs physiques* : masse d'un peson, raideur du ressort, période d'oscillation, etc.

---

1. Fontenelle, *Histoire des oracles*.

2. M. Planck, *Initiations à la physique*.

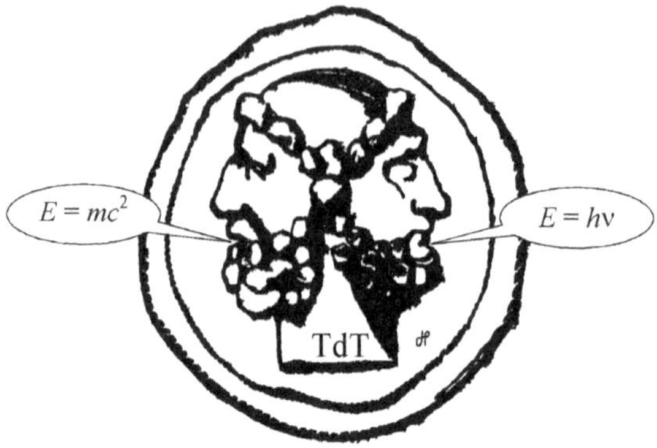

(d'après une pièce romaine)

Janus[1]

On ne peut s'empêcher de penser que ces formules mathématiques ont une existence indépendante et une intelligence propre, qu'elles en savent plus que nous, plus même que ceux qui les ont découvertes, et que nous en tirons plus de choses que l'on en avait mises à l'origine.

Heinrich Hertz (*Œuvres choisies*)

1. Toutes les tentatives d'Einstein pour établir une théorie unifiée du champ ont échoué. Par ailleurs la mécanique quantique, qui considère des particules ponctuelles et élimine les quantités infinies par un mécanisme de « renormalisation » peu satisfaisant, est inconciliable avec la relativité générale. On peut cependant penser que la ponctualité n'est qu'une approximation et trouver artificielle l'introduction de la *limite de Planck.

— Non, dit-il fermement, car l'objectivité nécessite de se mettre d'accord en plus sur une commune *mesure* des qualités du système étudié : par exemple, la masse du peson est de 1,250 kg et sa période de 2,45 s. Ainsi le physicien adapte son langage pour bénéficier de toute la puissance du raisonnement mathématique : il exprime la *valeur* d'une grandeur non plus par des mots mais par des nombres, pour les faire entrer dans des relations. Lord Kelvin* a prononcé cette maxime, maintes fois répétée par tous les enseignants : « Je dis souvent que lorsqu'on peut mesurer ce dont on parle et l'exprimer en chiffres, on en sait quelque chose ; en revanche, si on ne peut l'exprimer en chiffres, on en a une bien piètre connaissance[1]. »

— « Les grandes personnes aiment les chiffres[2]. » Le pythagoricien Philolaos* au Vᵉ siècle avant J.-C. disait déjà : « Tout être connaissable a un nombre ; sans celui-ci, on ne saurait rien concevoir ni rien connaître. » Nicolas de Cues* affirme de son côté que « la mesure est la clef de la physique et l'acte propre de la raison appliquée à connaître la nature ». Galilée* prétend à son tour que « le grand livre de la nature est écrit en langage mathématique »...

— Cette transition du qualitatif au quantitatif fut non seulement une aventure intellectuelle mais aussi une entreprise technique. Depuis l'Antiquité, on a su mesurer des longueurs, des angles et des poids, d'où de bonnes connaissances en géométrie, en statique, en optique et en astronomie. Il a fallu apprendre à mieux mesurer le temps pour progresser en dynamique, et la physique a commencé à se développer après la Renaissance. Les mesures de température et de courant ont enfin conditionné les progrès en thermodynamique et en électromagnétisme.

---

1. W. Thomson, *Popular Lectures and Addresses.*

2. A. de Saint-Exupéry, *Le Petit Prince.*

Complémentarité[1]

Son esprit s'échappa vers le labyrinthe de la double-pensée. Connaître et ne pas connaître. En pleine conscience et avec une absolue bonne foi, émettre des mensonges soigneusement agencés. Retenir simultanément deux opinions qui s'annulent alors qu'on les sait contradictoires et croire à toutes deux. Employer la logique contre la logique.

George Orwell (*1984*)

1. D'après le *principe de *complémentarité* énoncé par Bohr en 1927, il faut deux descriptions – mutuellement exclusives et conjointement nécessaires – pour décrire les propriétés d'une particule à l'aide de concepts classiques.

Je souhaitais approfondir ce problème capital de la *mesure*, qui était au cœur de ma spécialité :

— Toute mesure physique suppose un observateur possédant à la fois le concept de grandeur, c'est-à-dire celui de l'existence d'un corps muni de qualités, et des moyens d'information sur cette grandeur. Ainsi notre connaissance des phénomènes peut être limitée soit par nos possibilités techniques pour observer le monde, soit par notre aptitude intellectuelle à définir des concepts adaptés à comprendre ce monde ; « si l'on n'a pas le concept d'un objet, on ne le reconnaîtra pas[1] » !

— Qu'est-ce qui préexiste, demanda-t-il, la grandeur ou l'instrument ? L'idée de température est indépendante du thermomètre, mais on a besoin de l'idée pour fabriquer l'appareil. Est-ce le physicien qui poursuit un temps universel, ou bien est-ce l'horloger qui crée un temps de plus en plus précis ? Toute observation, quel que soit son degré de sophistication, qu'elle soit passive ou accompagnée d'une expérimentation, se fait dans le cadre d'un certain système conceptuel, dont on n'a pas toujours conscience.

— Mais c'était bien le sens de ma première question. Toute science doit d'abord s'interroger sur ses conditions d'existence : quels sont les concepts considérés comme existant réellement, quels sont les véritables objets physiques ?

— D'après la position du *réalisme*, il faut supposer l'existence d'un objet si cette hypothèse est absolument nécessaire pour comprendre le phénomène. Il existe un monde réel au-delà de nos équations. C'est le *principe de réalité*, dont l'usage est très lié au principe précédent d'objectivité ; d'ailleurs, ma citation précédente de Planck se complète ainsi : « Ce noyau absolument immuable et

1. R. Thom, *Prédire n'est pas expliquer*.

Le balayeur quantique[1]

Les gens qui balayent la saleté sous le tapis sont si malins qu'on en arrive à croire que ce n'est pas un paradoxe sérieux.

Richard Feynman (*Le Cours de physique*)

1. La non-séparabilité (ou non-localité) des mesures est une conséquence de la mécanique quantique – mise en évidence lors des *tests EPR –, en contradiction avec la relativité.

indépendant de toute individualité, que ce soit celle de l'homme ou celle de tout autre être intelligent, est ce que nous nommons le réel[1]. » Toute la richesse de la démarche consiste à trouver un modèle permettant de reconstruire ensuite le réel à partir du sensible. Nous supposons que cette représentation mentale, suggérée par nos sens et subodorée par notre pensée au-delà de nos sensations, correspond à un monde bien réel, qui existe effectivement en dehors de notre pensée et qui est en plus intelligible par cette même pensée. Nous pensons donc qu'il existe une réalité constituée de corps, caractérisés par leurs qualités, et nous partons de cet *a priori* : les corps, que nous avons construits avec leurs caractères propres, existent réellement.

— Il existerait donc, convins-je, quelque chose indépendamment de la mesure : la *grandeur* d'un certain objet.

Le professeur se lança dans une grande synthèse :

— En simplifiant beaucoup, on peut dire que, par l'effort réducteur qu'ils ont mené dans leur confrontation séculaire avec la complexité de la nature, les physiciens en sont venus à distinguer principalement dans l'espace-temps quatre types d'objet, ce qui les a conduits à quatre manières de voir le monde physique. La grande réussite de la mécanique newtonienne a suggéré que tous les phénomènes pouvaient être expliqués par l'action de *forces* d'attraction ou de répulsion entre particules ; le transfert d'énergie accompagne alors le déplacement de la matière. Mais on doit admettre des actions à distance et les phénomènes optiques et électriques ne se sont pas laissés ainsi réduire ; il a fallu introduire les concepts de *champ* et d'onde permettant un transfert d'énergie à travers la matière. Et les phénomènes thermiques ont trouvé une pre-

1. M. Planck, *op. cit.*

(d'après une gravure de Jean Lepautre)

Inquantation

Credo quia absurdum.

Saint Augustin ?

mière explication avec l'étude des *systèmes thermodynamiques* ; ceux-ci ressemblent à une boîte noire où se dégrade l'énergie. Cependant, une analyse a pu ramener cette dernière catégorie de phénomènes à la première, par l'hypothèse atomique et des considérations statistiques sur des *populations*.

— Si je vous suis bien, vous rattachez dans votre schéma la relativité restreinte et le *chaos à la mécanique du point, la relativité générale à la théorie du champ et probablement la physique quantique à la mécanique statistique. Il me semble pourtant que celle-ci présente la particularité de traiter d'un être, appelé parfois « quanton », qui est tantôt onde, tantôt particule, à moins que ce ne soit à la fois une onde et une particule.

— Chaque fois que l'un de ces schèmes explicatifs réussissait dans un domaine bien délimité, il s'est trouvé des philosophes pour vouloir le généraliser en un système universel ; c'est ainsi qu'on peut rattacher les modèles précédents à trois courants de pensée : le mécanisme, qu'il soit corpusculaire ou ondulatoire, l'énergétisme et l'atomisme. Il en est résulté beaucoup de controverses et de disputes, en attendant la future théorie unitaire !

Je lui fis remarquer qu'à notre époque l'étudiant en physique est d'emblée imprégné de philosophie opérationnaliste, que ce soit par l'intermédiaire des manuels, des cours ou des séminaires. Et je lui posai la question :

— Comment cet étudiant pourrait-il acquérir le moindre point de vue critique à l'égard de cette philosophie puisque cette critique n'a été effectuée que par des philosophes et qu'il ne lit pas de philosophie ? Si d'ailleurs il lui prenait la fantaisie de vouloir critiquer la philosophie officielle de la science, on lui ferait rapidement comprendre que ce n'est pas ce qu'on attend de lui. « L'opérationnalisme est le credo de l'orthodoxie et tout écart de pensée

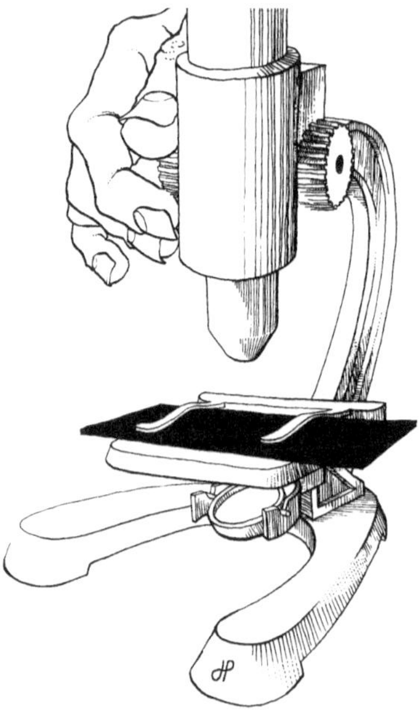

Examen du premier échantillon de matière noire[1]

Quand une science est à bout d'arguments, elle élargit son vocabulaire.

Jacques Deval (*Afin de vivre bel et bien*)

1. La **matière noire*, grave mais invisible, est à la fois une nécessité gravitationnelle – pour expliquer le mouvement des galaxies –, et cosmologique – pour accepter le modèle du *big bang*.

ne peut être que tourné en dérision, voire même réprimé[1]. »

— Vous avez raison. Mais de quoi s'agit-il ? D'après Comte* : « La révolution fondamentale qui caractérise la virilité de notre intelligence consiste essentiellement à substituer partout à l'inaccessible détermination des *causes* proprement dites, la simple recherche des *lois*, c'est-à-dire des relations constantes qui existent entre les phénomènes observés[2]. » Les bons Comte font les bons Mach* et celui-ci précise : « Nous devons limiter notre science physique à l'expression des *faits observables*, sans construire des hypothèses *derrière* ces faits, où plus rien n'existe qui puisse être conçu ou prouvé[3]. » Il ne faut donc prendre en Comte dans un phénomène que les objets qui peuvent être définis par une suite finie d'opérations, exécutées au moyen d'instruments physiques. C'est l'*opérationnalisme*, qui a été formalisé par Bridgman*.

— Si je comprends bien, dis-je ingénument, d'après cette position l'objet est la *mesure* elle-même : il serait parfaitement vain de vouloir rechercher une quelconque réalité au-delà de l'indication donnée par l'instrument.

— Voilà une belle contradiction, n'est-il pas ? L'éther était-il vraiment réel ou seulement opératoire ? Mais non, « notre pensée n'impose aucune nécessité aux choses[4] » !

— Si je prends par exemple la convergence de méthodes très différentes pour déterminer le nombre d'Avogadro*, c'est bien ce qui a convaincu de la réalité des molécules. Comment expliquer en effet que des méthodes

---

1. M. Bunge, *Philosophie de la physique*.

2. A. Comte, *Discours sur l'esprit positif*.

3. E. Mach, *La Mécanique*.

4. R. Descartes, *Méditations métaphysiques*.

La chasse au neutralino[1]

Ce n'est que le petit bout de la queue du chat
Qui vous électrise.
Ce n'est que le petit bout de la queue du chat
Qui passait par là.
Non l'esprit n'est pas encore là.
Unissons nos fluides
Et recommençons nos ébats
Que le chat gâcha.

Robert Marcy (*Chansons*)

1. Pour expliquer la matière noire, on pense qu'elle peut être constituée de particules exotiques (neutralinos), prévues par les théories supersymétriques, qu'on tente de reconnaître dans les produits des accélérateurs (comme le LHC à Genève) ou de détecter au fond de mines ou dans des tunnels. Toujours rien pour l'instant.

différentes pourraient mettre en évidence une même grandeur, si le sens de celle-ci était épuisé par sa mesure ?

— Le connu, dit-il avec insistance, n'est vraiment intégré à la science que lorsqu'il a été compris. Si la loi permet de prédire, elle ne fournit pas d'explication ; elle renseigne sur le *comment* des choses, non sur leur *pourquoi*. Par exemple, la loi de dilatation linéaire permet de calculer de combien de millimètres va s'allonger une barre métallique si on la chauffe, mais non pourquoi elle s'allongera. Et Einstein a enfin donné une raison de l'énigme gravitationnelle.

Je me rappelai à ce sujet la réflexion de Meyerson* : « Il n'est pas vrai que notre intelligence se déclare satisfaite de la simple description d'un phénomène, si minutieuse soit-elle. Même si la science est en mesure de soumettre un phénomène, dans tous ses détails, à des lois empiriques, elle cherche au-delà ; elle l'a toujours fait et elle continue à le faire à l'heure actuelle. Si l'on affirme le contraire, la marche entière de la science, dans le passé et le présent, devient une énigme, ou plutôt une sorte de gigantesque et monstrueuse absurdité. Nous avons cité autrefois à ce propos ce qui s'est passé pour l'attraction newtonienne. La loi qui régit les phénomènes de cet ordre est d'une clarté et d'une simplicité qu'on ne saurait surpasser ; comment se fait-il que les astronomes et les physiciens, à partir du moment même où elle fut formulée, aient cherché au-delà, comment se fait-il qu'ils aient considéré cette attraction comme une énigme[1] ? »

Et j'ajoutai, en pensant aux remous provoqués par sa thèse :

— Mais là où les physiciens se déchirent, c'est quand il s'agit de mécanique quantique. Or le grand problème ac-

---

1. É. Meyerson, *De l'explication dans les sciences.*

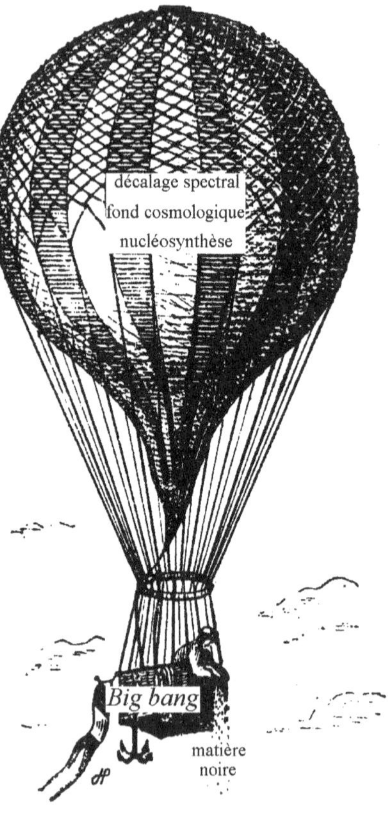

Au secours du *big bang*[1] !

Pour faire qu'une hypothèse soit évidente, il ne suffit pas que tous les phénomènes s'ensuivent, au lieu que, s'il s'ensuit quelque chose de contraire à un seul des phénomènes, cela suffit pour assurer sa fausseté.

Pascal (*Pensées*)

1. L'avenir du *big bang*, triomphant dans les années 70 après la découverte du fond cosmologique, dépend impérativement de la solution qui sera apportée à l'énigme de la matière noire (Friedmann*, l'auteur des équations du *big bang*, aurait succombé à une pneumonie contractée lors du vol en ballon stratosphérique où il battit le record d'altitude).

tuel de la physique est de trouver enfin une théorie quantique de la gravitation. Que pensez-vous des tentatives en cours ?

— Je vais vous conter la triste histoire de deux physiciens qui marchaient sur une route. L'un conduisait une théorie de la gravitation qu'il ramenait du congrès. L'autre, qui était microphysicien, lui dit : « Je ne donnerais pas cent francs de ta théorie relativiste. » Une mécanique quantique se traînait sur la route. Le physicien relativiste répond : « Je te la donne si tu avales cette mécanique. » L'autre fronce le sourcil, regarde la théorie, regarde la mécanique, ramasse celle-ci et, avec un haut-le-cœur, en croque la moitié. Le physicien relativiste prend peur voyant déjà sa théorie perdue. Mais l'autre n'en peut plus. Il dit, faisant mine de s'attaquer à ce qui restait de la mécanique : « Si tu avales l'autre moitié, je te rends ta théorie ». Le compère saisit l'occasion et gobe l'arrière-train. Alors, le cœur soulevé, ils se regardent tous les deux et l'un dit : « Pourquoi avons-nous avalé cette affreuse mécanique ? »

— Et, depuis cette affaire, toutes les tentatives d'union entre la relativité et la mécanique quantique ont échoué !

— « Je consens à être étonné ; je ne demande pas mieux que d'être étonné, et je crois volontiers ce qui m'étonne le plus, mais je ne veux pas que l'on se moque de ma crédulité[1]. » Comment voulez-vous concilier deux constructions qui reposent sur des présupposés philosophiques diamétralement opposés ? La *relativité* est réaliste et foncièrement continue dans sa forme générale ; elle a de plus précisé les principes classiques de localité et de causalité. Tandis que la *théorie quantique* est opératoire et a introduit la discontinuité, remettant en question localité et

1. C. Nodier, *La Fée aux miettes.*

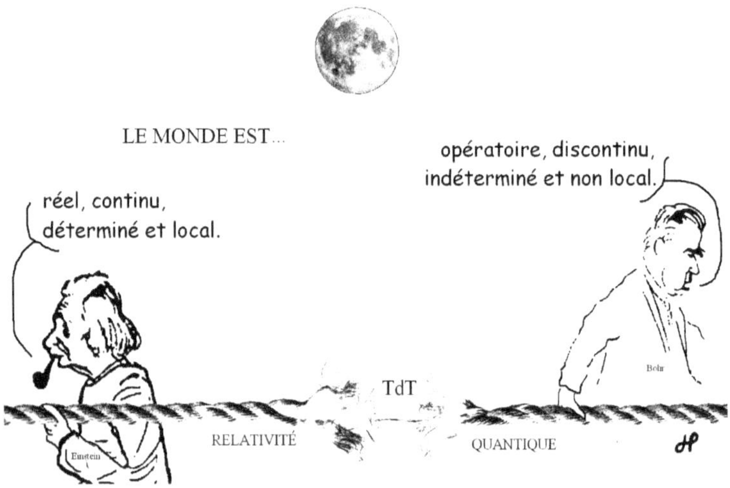

(d'après des caricatures de Wim van Wieringen et de Gamow)

Dos à dos

Tous les hommes, y compris les théoriciens quantiques, tiennent fermement en effet à cette thèse sur la réalité, tant qu'ils ne discutent point les fondements de la théorie quantique. Nul ne doute par exemple qu'à un instant déterminé le centre de gravité de la Lune n'occupe une position déterminée, en l'absence même d'un observateur quelconque – réel ou potentiel. Laisse-t-on choir cette thèse sur la réalité considérée en pure logique et arbitrairement, que c'est alors une rude affaire d'échapper au solipsisme.

Albert Einstein (*in Louis de Broglie, physicien et penseur*) causalité. Avant de chercher une superthéorie, il faudrait savoir si on peut résoudre plus simplement la confrontation entre les deux théories et se poser la question suivante : la mécanique quantique, dont les principes fondamentaux ne peuvent se formuler indépendamment de la mécanique classique, n'est-elle pas un simple avatar de la théorie de la relativité ? Ne constitue-t-elle pas le procédé opératoire pour décrire ce que nous pouvons connaître d'une réalité relativiste ?

— Un peu, suggérai-je, comme la thermodynamique donne globalement le résultat de ce qui se passe au niveau plus fin décrit par la mécanique statistique ?

— L'histoire des sciences et la fréquentation quotidienne des laboratoires nous apprennent que l'examen critique des fondements n'est nécessaire ni pour l'accumulation du savoir scientifique, ni dans le processus même de la découverte. Il est en revanche indispensable si l'on considère le corpus scientifique comme une somme de savoirs et de méthodes introduite dans la culture. Mais, dit-il comme un avertissement, « le risque est alors grand d'accepter cette somme sans la critiquer, en vertu des pouvoirs qu'elle confère, et de ses succès pratiques[1] ».

---

1. M. Buscaglia, *in* M. Buscaglia *et al.*, *Les Critères de vérité dans la recherche scientifique.*

IV

Les sources de la physique

Le temps fut détestable pendant toute une semaine. Je restais à l'abri dans mon appartement au quatrième étage de la rue Férou. Quand les saints de glace le permirent, je retrouvai le professeur et j'en vins à la deuxième question de mon programme :

— Pouvez-vous maintenant me dire quelles sont selon vous les sources légitimes de connaissance en science ? Ou comment s'informer ?

— Il serait plus savant de parler d'*épistémologie* ! Ici encore, on a deux thèses : l'*empirisme* et le *rationalisme*. Selon la première, la connaissance humaine dérive entièrement de l'expérience, alors que l'autre pose la possibilité pour l'esprit d'établir les principes de la science. Or le matériel scientifique est à la fois empirique par l'observation, suivie ou non d'une expérimentation, et théorique par l'usage de la raison. Aucun scientifique n'est donc parfaitement empiriste, comme le croyait Locke, ou parfaitement rationaliste, comme le soutenait Descartes ; plus ou moins implicitement, il est amené à adopter une position intermédiaire.

— Vous excluez bien sûr le *dogme*.

Galilée à la tour de Pise

Soumettez-nous vos raisons et vos preuves, ou celles d'Aristote*, mais ne vous appuyez pas uniquement sur des citations ou sur la seule autorité d'un savant ; car nos recherches portent sur le monde des sens et non sur un univers de papier !

Galilée (*Dialogue sur les deux principaux systèmes*)

— Bossuet enseignait au dauphin que « la paresse, toujours impatiente quand il faut penser un tant soit peu, fait qu'on aime mieux croire que d'examiner[1] ». Chaque individu a des idées plus ou moins vagues, qu'il a du mal à formuler en un système cohérent. Il est donc disposé à accepter un tel système, qui lui est proposé clé en main, s'il répond à ses principales aspirations : il est ainsi conduit, de gré ou de force, à adhérer à un dogme, c'est-à-dire à un système de connaissances sur lequel il n'y a plus à revenir, parce que les autorités compétentes en ont ainsi décidé.

— N'y a-t-il pas cependant des « dogmes » scientifiques, insinuai-je, comme par exemple la théorie du *big bang* ?

— « Ce n'est pas le moindre charme d'une théorie que d'être réfutable », avez-vous dit l'autre jour. Or le dogme est immuable car il assoit son autorité sur une vérité révélée. Cette croyance irrationnelle au dogme, volontaire et jurée d'après l'idée qu'on se fait de son devoir, s'appelle la *foi*.

— « *Credo quia absurdum.* » Mais à l'opposé vous écartez aussi le *scepticisme*, qui doute qu'une connaissance soit possible et qu'on retrouve dans le relativisme.

— Celui qui croit qu'on ne peut rien savoir ne sait même pas si on en sait assez pour affirmer qu'on ne sait rien !

— Vous négligez enfin le *solipsisme*, ou si vous préférez l'immatérialisme de Berkeley, qui nie l'existence d'objets extérieurs au sujet.

— Tout aussi difficiles à combattre l'un que l'autre, le scepticisme débouche sur la crédulité en assurant que

1. J.-B. Bossuet, *Traité de la connaissance de Dieu et de soi-même*.

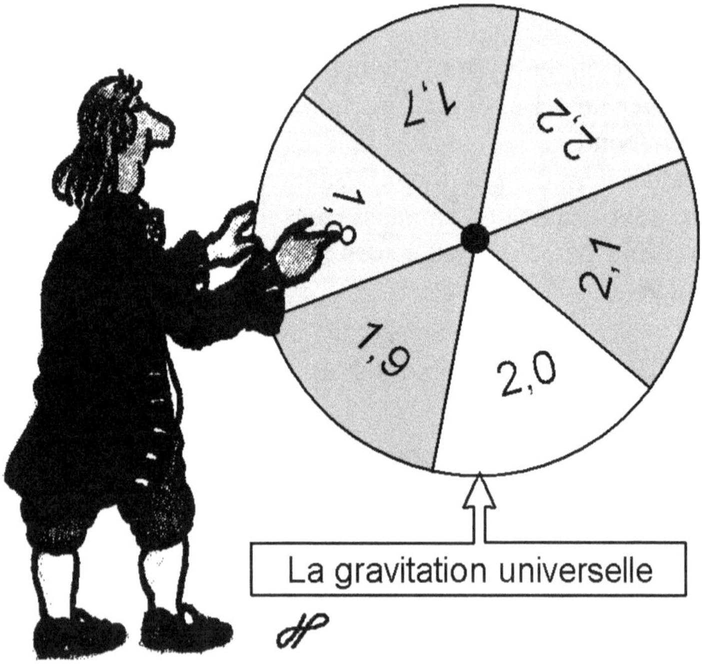

Newton et l'exposant 2[1]

Il fallait être Newton pour apercevoir que la Lune tombe sur la Terre, quand chacun voit qu'elle ne tombe pas.

Paul Valéry (*Cahiers II*)

1. Milgrom* a proposé en 1983 une modification (MOND) pour les très faibles accélérations, afin d'expliquer les anomalies gravitationnelles attribuées à la matière noire. Mais un changement *ad hoc* doit s'intégrer à l'ensemble des lois de la physique.

« tout est bon » ; et le solipsisme sur une sorte d'autisme en proclamant que « tout est dans l'esprit ».

J'en étais bien d'accord.

— Si j'ai bien lu Claude Bernard, « l'observation est l'investigation d'un phénomène naturel, et l'expérience est l'investigation d'un phénomène modifié par l'investigateur [...]. L'expérience n'est au fond qu'une observation provoquée dans un but quelconque[1] ».

— L'*observation*, dit-il avec sa pédagogie habituelle, est d'abord qualitative. Elle consiste en une description aussi complète et précise que possible du phénomène, avec l'analyse des différents facteurs et circonstances qui paraissent l'influencer. Cependant, comme les conditions dans lesquelles ces phénomènes se produisent naturellement sont souvent trop strictes ou trop rares, une expérimentation est utile quand elle est possible. Celle-ci consiste à répéter le phénomène et à l'observer dans des conditions préparées et soigneusement définies. Ainsi peut-on mieux étudier les diverses influences.

— Bien sûr ! Mais l'observation courante ne suffit plus à la physique actuelle.

— En effet, la perception sensible nécessite des instruments de plus en plus puissants ; ceux-ci ont pour but d'augmenter la portée de nos sens, comme le microscope ou le télescope, ou même de suppléer à des sens qui nous font défaut, comme le compteur Geiger*. Et la physique a surtout besoin d'une connaissance quantitative. L'instrument devient alors un appareil de mesure, dont le nom se termine par -mètre : il permet d'enregistrer et d'analyser le phénomène avec les paramètres associés.

Je citai Bacon*, le précurseur de la méthode expérimentale, qui s'exprimait ainsi dans le *Novum organum* :

1. C. Bernard, *op. cit.*

Einstein dans l'ascenseur[1]

La plupart des gens sont incapables de sortir du filet des concepts admis et ne savent qu'y frétiller de façon bouffonne.

Albert Einstein (lettre à Erwin Schrödinger)

1. Cette fameuse *expérience de pensée* a permis à Einstein d'établir l'équivalence entre gravitation et accélération, fondement de la relativité générale.

« L'empirique, semblable à la fourmi, se contente d'amasser et de consommer ensuite ses provisions. Le dogmatique, telle l'araignée, ourdit des toiles dont la matière est extraite de sa propre substance. L'abeille garde le milieu ; elle tire la matière première des fleurs des champs, puis, par un art qui lui est propre, elle la travaille et la digère[1]. » Il terminait en disant : « Notre plus grande ressource, celle dont nous devons tout espérer, c'est l'étroite alliance de ces deux facultés : l'expérimentale et la rationnelle, union qui n'a point encore été formée. »

— Ce qu'on peut résumer par : « Si vous n'avez que des observations, vous faites de la botanique et, si vous n'avez que des théories, vous faites de la philosophie. » Je crois que tous les physiciens sont à peu près d'accord à présent pour reconnaître à la fois les rôles de la raison et de l'expérience comme sources d'information sur la nature.

*

* *

Une pluie subite nous força à nous réfugier dans un café de la place Médicis. Attablés devant un chocolat chaud, la conversation dériva sur la *politique*. Nous sortions à peine des grands débats qui avaient précédés l'élection présidentielle. Les médias avaient retrouvé leur sérénité. Je me montrais peu satisfait du résultat et le professeur me provoqua :

— Alors, élections, piège à cons ?

— Je vous imagine très bien manifestant en mai 68 pour demander l'égalité parfaite entre tous les individus, la mise en commun des biens et la disparition totale de l'État

1. F. Bacon, *Novum organum*.

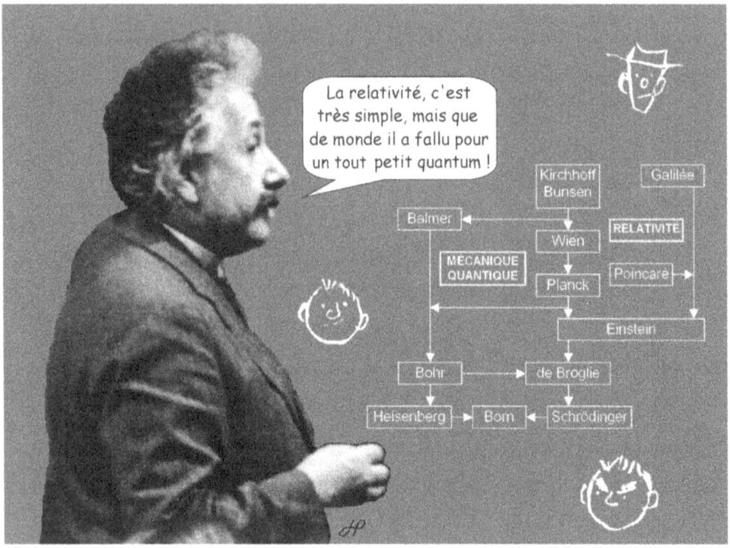

(d'après un cliché des archives Hulton)

Généalogie des théories[1]

Ces deux découvertes, la relativité et le quantique, nous ont, chacune, demandé de rompre définitivement avec la physique de Newton. Pourtant, malgré ce très grand progrès accompli au cours du siècle dernier, ces deux découvertes restent incomplètes. Chacune d'elles possède des faiblesses et des défauts, qui tendent à prouver l'existence d'une théorie plus fondamentale. Mais la raison la plus évidente pour laquelle chacune des deux théories est incomplète est l'existence de l'autre.

Lee Smolin (*Rien ne va plus en physique !*)

1. L'incompatibilité de la théorie électromagnétique avec la mécanique newtonienne a conduit Poincaré et Einstein à la relativité. L'impossibilité d'expliquer par cette même théorie de Maxwell* le rayonnement du corps noir ou l'effet photoélectrique a conduit Planck et Einstein aux quanta. Mais la mécanique quantique est à son tour incompatible avec la relativité...

au profit d'une organisation spontanée de la communauté. Feriez-vous partie de ces dangereux anarchistes qui nient la politique et veulent remplacer le gouvernement des hommes par l'administration des choses ?

— En ai-je vraiment l'air ?

— « Deux dangers ne cessent de menacer le monde, disait Valéry : l'ordre et le désordre. »

— La politique suppose l'existence d'un État, ou tout au moins d'une société humaine organisée pour vivre dans la paix et la sécurité. Et l'économique devrait toujours être subordonné à la politique. Malheureusement, la soumission du politique à l'économique, aux ordres d'un capitalisme néolibéral de plus en plus financier, fonctionne dans l'idéal d'une croissance indéfinie, qui veut ignorer la pénurie des ressources naturelles, la prolifération des nuisances ou les changements climatiques. La durée de vie augmente, le niveau moyen de vie aussi. La soif de consommation conduit à la dévalorisation du travail au profit de l'objet. L'individu, de plus en plus individualiste, ne travaille plus que pour consommer, d'où sa constante recherche du meilleur rapport qualité/prix. Pour le satisfaire, il faut diminuer les coûts, augmenter les rendements, rendre les actifs toujours plus compétitifs – donc moins nombreux – sous la menace du chômage.

— Consommer, la dernière utilité des chômeurs ! m'exclamai-je. « Je ne connais que trois manières d'exister dans la société, disait Mirabeau : il faut y être *mendiant*, *voleur*, ou *salarié*. »

— C'est une guerre économique de tous les instants pour répondre dans l'urgence à une concurrence exacerbée, au bénéfice du capital mais au mépris du stress des travailleurs et des anciennes règles morales. Le gros problème est néanmoins celui de l'exclusion du marché pour tous ceux qui n'ont pas de travail ou un travail trop mal

« In principles we trust ! »

Si tout était construit, si tout était gratuit, il n'y aurait plus de différence entre le vrai et le faux ; il n'y aurait plus comme critère de vérité qu'une vague exigence de cohérence interne. Il y a des degrés dans l'arbitraire et ce sont eux qui font toute la différence entre l'acte de foi et l'acte de connaissance. Ainsi le fait de reconnaître lucidement l'existence d'un fondement vaut mieux que le fait d'en subir inconsciemment la contrainte ; le fait de pouvoir discuter la question de son existence et de rechercher sa présence vaut mieux que le fait de le « recevoir » comme une donnée indiscutable ; le fait de tester sa solidité et d'admettre qu'il ne constitue qu'un point de départ admis à titre de postulat est mieux que le fait d'instituer ce fondement comme dogme ; le fait d'admettre que ce fondement a lui-même un autre fondement qui l'explique contribue à insuffler le doute et la critique dans tout l'édifice de la connaissance, ce qui manifestement est le seul moyen de conforter sa scientificité, la connaissance étant plus faite d'incertitudes éliminées que de vérités définitivement acquises.

J.-F. Perrin (*in* M. Buscaglia *et al.*, *Les Critères de vérité dans la recherche scientifique*) payé. Et la diminution de l'activité industrielle se répercute sur les revenus de l'État, donc sur les possibilités de compensation par l'aide sociale. C'est la fin de l'État-providence, le creusement de la fracture sociale et l'appel à la charité ; c'est le dépérissement de la démocratie – réduite à un spectacle – avec les risques de ghettoïsation et d'affrontement qui en résultent. Et le danger de l'exclusion existe aussi vis-à-vis des populations qui ne sont pas intégrées au capitalisme mondial, avec cette fois le risque de terrorisme ou même de conflits armés.

— Quel optimisme en cette fin de siècle ! Mais « on ne détruit que ce que l'on remplace[1] ».

— Ceux qui promettent le bonheur universel sont comme les prêtres avec « l'autre vie ». C'est encore la religion de l'espérance, la vieille chanson dont on berce l'humanité.

— L'éternité, avançai-je, c'est du tout ou rien, ça ne se divise pas, alors qu'on peut concevoir un *bonheur* plus ou moins grand, que chacun est à même d'apprécier.

— Il s'agit là de la définition d'un état et non de l'action nécessaire pour l'atteindre. Marcuse* a rapproché le point de vue opératoire des nouvelles formes de pensée politique et sociologique : « Si on montre qu'ils ne peuvent pas recevoir une définition adéquate en termes d'opération ou de fonctionnement, on peut dès lors éliminer bien des concepts auparavant très embarrassants[2]. » Et c'est le cas du bonheur.

— Je ne vous savais pas opérationnaliste !

---

1. L. Jouhaux, *La C.G.T.*

2. H. Marcuse, *L'Homme unidimensionnel.*

V

La méthode de la physique

Il me restait à poser la troisième question sur la physique :

— Quelles sont enfin les procédures acceptables pour établir une théorie scientifique ? Ou comment agir ?

— Et le mieux pour avoir de la méthode, c'est de se donner une *méthodologie* ! Toujours deux thèses principales : l'*induction* et l'*hypothético-déduction.* Bacon a montré comment les principes généraux pouvaient être atteints par généralisation et extrapolation. La deuxième thèse a été popularisée par Popper* dans *La Logique de la découverte scientifique* : les principes généraux sont justifiés par la conformité de leurs conséquences avec l'observation. Si l'induction joue un rôle certain dans l'idée de départ, le jugement critique est indispensable à sa vérification.

— À propos de critique, on connaît celle de l'induction par Hume* !

On pourrait ajouter cette analyse de Buffon* : « La certitude physique, c'est-à-dire la certitude de toutes la plus certaine, n'est néanmoins que la probabilité presque infinie qu'un effet, un événement qui n'a jamais manqué d'arriver arrivera encore une fois. Par exemple, puisque le Soleil s'est toujours levé, il est, dès lors, physiquement

Le physicien théoricien

Il arrive qu'en étudiant un certain domaine de connaissances scientifiques le théoricien inventeur éprouve une sorte de malaise qui va progressivement en croissant : il a le sentiment, peu à peu de plus en plus net, qu'il manque dans nos interprétations un élément essentiel, qu'une idée fondamentale a été méconnue sans laquelle une véritable compréhension des faits est impossible. Les difficultés rencontrées par les théories antérieures lui apparaissent alors non plus comme des anomalies qu'une comparaison plus approfondie avec l'ensemble des conceptions reçues fera disparaître, mais au contraire comme des symptômes éclatants de l'insuffisance de ces conceptions. À son attention dès lors éveillée s'impose une foule de petits faits épars et sans liens apparents, entre lesquels il soupçonne maintenant une parenté cachée dont une théorie fondée sur des idées entièrement nouvelles devraient pouvoir rendre compte.

Louis de Broglie (*Continu et discontinu en physique moderne*) certain qu'il se lèvera demain. Une raison pour être, c'est d'avoir été. Mais une raison pour cesser d'être, c'est d'avoir commencé d'être ; et, par conséquent, l'on ne peut pas dire qu'il soit également certain que le Soleil se lèvera toujours, à moins de lui supposer une éternité antécédente égale à la perpétuité subséquente. [...] L'absolu, de quelque genre qu'il soit, n'est ni du ressort de la nature, ni de celui de l'esprit humain[1]. »

— Il est impossible en effet d'établir la légitimité de l'induction sur des fondements absolument logiques et on ne peut en faire un principe. Le seul argument en sa faveur est l'efficacité des lois ainsi obtenues, mais le raisonnement est autoréférent.

— La vérité se trouve donc dans la vérification : il reste à boucler le cercle et confronter la théorie au réel. Mais, demandai-je, quels *critères de conformité* faut-il appliquer lors de la confrontation entre les observations et les déductions faites à partir de la théorie ?

— Les deux principaux correspondent aux deux sources dont nous avons parlé : pour la partie rationnelle, la non-contradiction interne de la théorie, c'est-à-dire sa cohérence logique, et l'absence de contre-exemple dans la nature pour la partie empirique. Mais cela n'empêche pas d'introduire par commodité des paramètres supplémentaires ou encore des conditions initiales *ad hoc*.

— « Donnez-moi cent paramètres et je vous ferai un éléphant, proposait Hadamard*. Donnez-m'en un centunième et je lui ferai remuer la queue ! »

— Alors, ajouta-t-il, on peut s'imposer un critère d'économie, le « rasoir » d'Occam* selon lequel on ne doit jamais multiplier les êtres sans nécessité.

---

1. Buffon, *Essai d'arithmétique morale*.

(d'après un dessin de Hansi)

Aux idées défuntes de la physique !

La nature ne fait rien en vain et ce serait faire des choses inutiles que d'opérer par un plus grand nombre de causes ce qui peut se faire par un plus petit.

Isaac Newton (*Principes mathématiques de la philosophie naturelle*)

— C'est ainsi que la relativité nous a débarrassé de l'éther.

— Et on pourrait aussi se poser la question au sujet du photon ou encore de la matière noire ! Mais il ne faut pas sous-estimer l'importance du consensus communautaire.

— Vous suggérez par là que la résistance aux nouveautés vient de ceux qui vivent de la tradition et du monopole de l'enseignement. « Toute innovation menace doublement les médiocrités académiques : elle met en péril leur autorité d'oracles, et elle évoque le danger redoutable de voir s'écrouler tout un édifice intellectuel laborieusement construit[1]. »

— Ce serait attaquer notre *Alma mater* ! Le blocage actuel des spécialistes sur un problème comme celui de la matière noire, alors qu'ils dénient farouchement aux autres la capacité d'intervenir dans le débat, vous donne quelque raison de le faire… Mais revenons à notre méthode : le but d'une théorie est de représenter aussi complètement que possible la réalité sensible, dans toute la variété des phénomènes observés, en employant un minimum de principes et de relations entre les concepts fondamentaux jugés nécessaires. Une nouvelle théorie doit d'abord rendre compte des faits connus, mais elle n'est vraiment acceptée que si elle donne lieu à de nouvelles expériences, dont elle seule prévoit correctement le résultat.

— Selon Bacon, l'expérimentation scientifique consiste pour le savant à concevoir puis réaliser une expérience permettant de vérifier ou d'infirmer une hypothèse qu'il aura préalablement formulée ; c'est l'*expérience cruciale*.

— Mais, précisa-t-il, ce n'est pas parce que la nature a dit non à la première hypothèse qu'elle dit oui à la seconde. Et Duhem* a fait remarquer que, même quand la

1. A. Koestler, *Les Somnambules*.

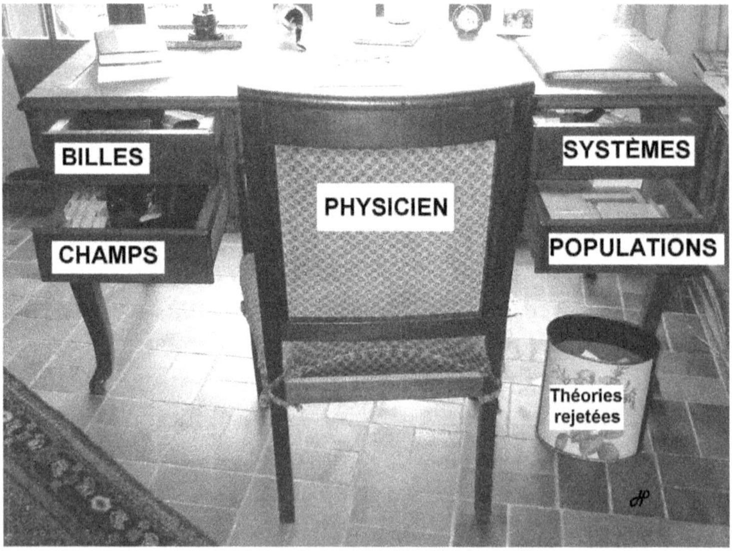

Le bureau du physicien

On fait la science avec des faits comme une maison avec des pierres, mais une accumulation de faits n'est pas plus une science qu'un tas de pierres n'est une maison.

Henri Poincaré (*La Science et l'hypothèse*)

réponse est négative, le savant ne sait pas pour autant ce qui doit être modifié parmi tous les présupposés que son expérience sous-tend de façon plus ou moins explicite : « Le physicien ne peut jamais soumettre au contrôle de l'expérience une hypothèse isolée, mais seulement tout un ensemble d'hypothèses ; lorsque l'expérience est en désaccord avec ses prévisions, elle lui apprend que l'une au moins des hypothèses qui constituent cet ensemble est inacceptable et doit être modifiée ; mais elle ne lui désigne pas celle qui doit être changée[1]. »

— Pis, dis-je, certaines propositions se révèlent indécidables, d'autres ne sont pas réfutables ! Et Popper a posé un critère de réfutabilité – la *falsification* – selon lequel une théorie scientifique doit offrir la possibilité de sa réfutation.

— Ce qui me semble rejeter par exemple l'idée des mondes parallèles dans la science-fiction.

— Et certaines questions sur la nature resteront à jamais indécidables, alors qu'elles conditionnent la constitution de théories fondamentales ; c'est le cas par exemple des options du physicien concernant le continu, l'infini ou la création, largement dépendantes de ses croyances plus ou moins avouées, qui font partie de sa culture.

— Ces apories, railla-t-il, auront au moins l'avantage de continuer longtemps à faire les délices des philosophes !

— Penrose* distingue les théories sublimes, utiles et provisoires[2], mais ne sont-elles pas toutes provisoires ?

— On pourrait aussi, proposa-t-il, les classer selon leur *intelligibilité* et leur *efficacité* ; par exemple, la relativité est à la fois intelligible et efficace, la mécanique quantique

---

1. P. Duhem, *La Théorie physique, son objet, sa structure.*

2. R. Penrose, *L'Esprit, l'ordinateur et les lois de la physique.*

(d'après un cliché du Fermilab)

Agonie de la supersymétrie[1]

Une théorie qui ne peut pas conduire à des prédictions définies, ou dont les prédictions sont impossibles à vérifier, doit être considérée comme *proprement* invérifiable [...]. Une théorie qui comporte un grand nombre de paramètres ajustables, ou qui existe en plus de versions alternatives qu'il n'est possible de vérifier (pour jouer sur plusieurs tableaux), ou qui plus généralement est modifiable de manière *ad hoc*, est *effectivement* invérifiable.

Robert Oldershaw (dans *American Journal of Physics*)

1. Aucune des nombreuses particules prédites par cette théorie, destinée à remplacer le **Modèle standard* actuel, n'a pour l'instant été découverte.

efficace mais non intelligible, la théorie des cordes intelligible et non efficace… l'astrologie ni l'un ni l'autre.

— Tous les physiciens sont donc à peu près d'accord pour privilégier l'hypothético-déduction comme méthode de raisonnement, sans pour autant sous-estimer l'influence de l'induction au moment de la formulation d'une hypothèse.

— Mais le problème avec les nouvelles théories actuelles est qu'elles conduisent à des prédictions invérifiables, soit parce qu'on ne sait pas obtenir une énergie suffisante, soit parce qu'elles contiennent trop de paramètres ajustables.

Je voulus enfin l'entraîner sur le terrain plus concret de l'organisation actuelle de la recherche et j'affirmai :

— Aucune découverte fondamentale n'a été faite en physique théorique depuis plus de soixante ans, malgré l'augmentation des budgets de recherche. « La physique subit maintenant une période de stagnation où un formidable accroissement de volume couvre une stupéfiante pauvreté de nouvelles idées fondamentales[1] », nous dit Feyerabend*. Et Einstein confiait à son ami Besso : « Je pense que seule une spéculation hardie est à même de nous faire progresser, et non pas une accumulation d'expériences. Du matériel empirique incompréhensible, nous en avons plus qu'il n'en faut. » Pour sortir la physique du marasme, ne nous faudrait-t-il pas « des esprits insolites, des amateurs de difficultés, des êtres à vision saugrenue[2] » ?

— Le problème, marmonna-t-il, est de savoir si l'organisation actuelle de l'enseignement et de la recherche permet à ces révolutionnaires d'apparaître et de s'exprimer. Ne faut-il pas croire au contraire que le système

1. P. Feyerabend, *Contre la méthode.*

2. F. Jacob, *La Statue intérieure.*

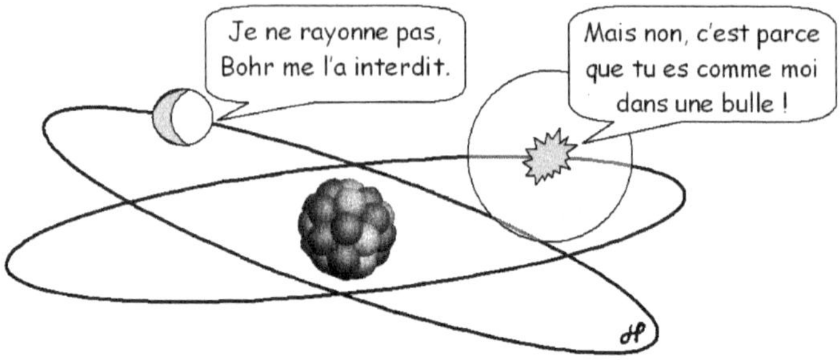

Bohr a dit[1] !

— Voilà un pouls qui marque que votre fille est muette. [...]
— Mais je voudrais bien que vous pussiez me dire d'où cela vient.
— Il n'est rien de plus aisé : cela vient de ce qu'elle a perdu la parole.
— Fort bien ; mais la cause, s'il vous plaît, qui fait qu'elle a perdu la parole ?
— Tous nos meilleurs auteurs vous diront que c'est l'empêchement de l'action de sa langue.
— Mais encore, vos sentiments sur cet empêchement de l'action de sa langue ?
— Aristote, là-dessus, dit... de fort belles choses. [...] Vous n'entendez pas le latin ?
— Non.
— [...] Ossabandus, nequeys, nequer, potarinum, quipsa milus. Voilà justement ce qui fait que votre fille est muette.

Molière (*Le Médecin malgré lui*)

1. Bohr proposa en 1913 un modèle de l'atome d'hydrogène où les électrons ne peuvent tourner autour du noyau qu'en décrivant certaines orbites correspondant à des niveaux d'énergie autorisés, pour lesquels le moment cinétique de l'électron est un multiple entier de $h/2\pi$. Or la relativité restreinte – et plus précisément l'*horizon de Rindler* – suffit pour expliquer que l'électron ne s'écrase pas sur le noyau. Un calcul d'ordre de grandeur pour l'électron en orbite montre que sa distance d'horizon est de l'ordre du nanomètre, ce qui bloque son rayonnement vers l'observateur tant qu'il ne change pas de niveau d'énergie.

est construit de façon à les marginaliser ou même à les exclure ?

— Sur le portail, on peut lire : « Que nul n'entre ici s'il n'est diplômé de l'Université ! »

— Regardons plus en détail. Une administration centrale est chargée de définir les grands axes de la recherche, sur le conseil des plus vieux directeurs de laboratoire. Pour réaliser ce programme, ceux-ci recrutent dans leur département de jeunes physiciens généralement issus des plus grandes écoles ; or il est plus facile de sélectionner les meilleurs éléments d'après leur aptitude à effectuer des calculs complexes plutôt que pour l'originalité de leurs idées : c'est le paradoxe de l'émulation, qui encourage la concurrence mais ne fait bien souvent que favoriser le conformisme. Le chercheur qui voudrait ensuite manifester trop d'indépendance doit songer d'abord à la décision que le comité d'évaluation va prendre lorsqu'il présentera sa prochaine demande de financement. Des conditions peu favorables à l'apparition d'un nouvel Einstein...

— Mais l'ingénieur Einstein n'avait pas trouvé de poste universitaire à sa sortie d'école !

— C'est l'évolution même de la physique qui a changé le travail du physicien, continua-t-il. Et la formulation actuelle de la mécanique quantique accentue encore cette impression : « Je ne me satisfais pas à la pensée qu'on possède une machinerie qui permette de prophétiser, mais à laquelle on n'est pas capable de donner un sens clair », disait Einstein à la fin de sa vie. Le calcul a remplacé l'ancienne intuition. Les ordinateurs ont supplanté le flair, celui d'un Faraday* par exemple ; ils fournissent à présent modélisation et simulation si rapidement qu'ils ne laissent plus le temps au cerveau d'élaborer une représentation mentale des concepts utilisés. Conjointement, la complexité des moyens nécessaires entraîne lourdeur administrative et spécialisation obligée : c'est la division du travail entre

Conformisme ou différence ?

La science nécessite un équilibre délicat entre le conformisme et la différence. Puisqu'il est si facile de se tromper, puisque les réponses sont inconnues, les experts – quel que soit leur degré d'intelligence ou d'entraînement – seront en désaccord sur le choix de l'approche qui a le plus de chance de produire un résultat. En conséquence, si la science veut avancer, la communauté scientifique doit s'appuyer sur la diversité des approches du problème en question.

Lee Smolin (*Rien ne va plus en physique !*)

théorie et expérience, entre mécanique, chaleur, acoustique, optique et électricité, entre particules, noyaux, atomes et molécules, entre gaz, plasmas, liquides et solides… À quoi il faut ajouter en France le cloisonnement entre ingénieurs, chercheurs et enseignants, sans parler des militaires ! Le savant isolé est devenu technicien d'équipe.

— Peut-on dire, hasardai-je, que l'économie a remplacé la curiosité comme moteur de la recherche ?

— Autrefois, le savant prenait aussi son temps. Il faisait souvent ses découvertes en dehors des moments de travail, dans son bain comme Archimède* ou dans son jardin comme Newton. À présent, le chercheur doit respecter le grand principe des 3P : publier, publier, publier ! Bien des articles ressemblent plus à des actes administratifs qu'à de véritables pierres pour l'édifice de la science.

— Les revues prestigieuses ont pourtant mis en place un système de contrôle rigoureux fondé sur le « jugement par les pairs ».

— Celui-ci présente un biais évident, corrigea-t-il : les travaux ne sont pas jugés essentiellement en fonction de leur valeur intrinsèque, mais en fonction du prestige des signatures. On aboutit ainsi à une paupérisation de la littérature physique, privée de la stimulation de toute mise en cause. Cet appauvrissement se traduit aussi par une méfiance pour tout ce qui concerne les fondations de la physique. On abuse de l'argument d'autorité ; or, « si l'on veut être vraiment libre, ce sont les points qu'on ne discute jamais qu'il faut discuter[1] ».

— La théorie de la relativité aurait-elle vu le jour si l'article de 1905 avait été lu par un autre rapporteur que Planck ?

1. A. Detœuf, *Propos de O.-L. Barenton confiseur.*

Danger de la simulation[1]

Ptolémée*, muni d'un ordinateur, aurait battu Kepler parce qu'il aurait introduit 240 épicycles supplémentaires et obtenu un meilleur accord avec les données.

Marcel Paul Schützenberger (*in* A. Connes, *Triangle de pensées*)

1. La *simulation* est une représentation du comportement d'un phénomène physique au moyen d'un modèle matériel dont les paramètres et les variables sont les images de ceux du phénomène étudié. Elle n'a pu vraiment se développer qu'avec les ordinateurs et les modèles prennent alors la forme de programmes.

— Le progrès des connaissances, protesta-t-il, risque en obligeant à la spécialisation de conduire à un nouvel obscurantisme généralisé, où le spécialiste ignorerait tout ce qui ne concerne pas sa discipline, alors que le non-spécialiste renoncerait d'avance à toute possibilité de réfléchir sur le monde. En tant que spécialistes d'un domaine de connaissances, les physiciens doivent accepter de rendre des comptes : d'une part, ils ont besoin de la société pour recevoir un salaire et construire des instruments de plus en plus coûteux et, d'autre part, ils ont une responsabilité dans l'utilisation des connaissances qu'ils produisent.

— Le pouvoir sait manipuler les hommes, mais il a besoin des scientifiques pour manipuler la nature.

— Pour empêcher une telle récupération, assura-t-il, l'*enseignement* et la *vulgarisation* doivent donner à l'opinion les moyens de mesurer les enjeux.

— On peut dire que la vulgarisation est une science « de seconde main ». Malheureusement, le remplacement progressif de la lecture du livre par la recherche autrement plus rapide et plus confortable sur la Toile, mais au moyen de moteurs dont les règles sont opaques, conduit à une science de troisième main, où la connaissance n'est plus qu'un *digest*, chyle anonyme à base de copier-coller.

— Et l'on revoit toujours les mêmes têtes à la télé – M. Quantique ou Mme Cosmique – pour nous commenter les sensationnelles avancées de la Science !

— Il ne faut pas en vouloir aux journalistes, observai-je. Faute de pouvoir juger ce qui est nouveau, ils se retranchent derrière des avis autorisés – c'est-à-dire universitaires – et préfèrent interroger les têtes qu'ils connaissent déjà, celles qui plaisent au public et qui sont dans leur carnet d'adresses.

(d'après un cliché de la NASA)

Message du robot martien

Abandonner physiciens, mathématiciens et philosophes à eux-mêmes, c'est les refouler définitivement dans le ghetto de leur spécialité où, oubliés et déconcertés, ils sont à la merci des technocrates et des idéologues, comme ils l'ont toujours été et ne cesseront de l'être.

Friedrich Dürrenmatt (*Albert Einstein*)

— Quant à l'enseignement au lycée, il impose un survol rapide de toute la physique qui néglige la vision historique au bénéfice d'un recours fréquent à des formules non justifiées et à la résolution de problèmes stéréotypés. « Les ouvrages de physique sont remplis de formules mathématiques compliquées. Mais c'est la pensée, ce sont les idées qui sont à l'origine de toute théorie physique[1] », proclamait Einstein dans son ouvrage de vulgarisation écrit avec Infeld*. Ainsi l'occultation des grandes idées conduit à donner une fausse image de la physique, qui prend l'aspect rébarbatif d'une science figée, sous-produit des mathématiques.

— Ne trouve-t-on pas là quelques-unes des causes de la désaffection actuelle pour les carrières de la physique ?

*

* *

De gros nuages noirs menaçaient dans la direction du Panthéon (mais pourquoi diable ce monument laïque, dédié à nos gloires nationales, est-il encore coiffé d'une croix ?). Le professeur se leva et nous fîmes quelques pas dans l'allée. Je lui parlai un peu de *métaphysique* : ne pourrait-on pas envisager le même type de discussion que celle que nous avions eue sur la physique, avec un choix entre matérialisme et spiritualisme pour les objets, entre rationalisme et fidéisme pour les sources, entre philosophie et religion pour la méthode ?

Il me répondit un peu brusquement :

— Quoi de plus effrayant que de se représenter le cerveau en plein travail dans la boîte crânienne, tâchant d'élucider son propre fonctionnement ? Vous avez déjà pu

1. A. Einstein et L. Infeld, *L'Évolution des idées en physique*.

Angoisse du cosmologiste

Plus l'univers nous semble compréhensible, et plus il semble absurde.

Steven Weinberg (*Les Trois premières minutes de l'univers*) constater à quelles contorsions nous a menés la distinction entre objet et observateur en mécanique quantique. Eh bien ! vous voulez vous placer maintenant au centre de votre observation. Et, puisque vous avez quelques notions de physique, vous voudriez appliquer la loi de la causalité aux actes d'un homme. Vous devriez donc pénétrer d'un regard d'une acuité absolument parfaite tous les replis de la conscience et de la subconscience de cet homme. Même si c'était physiologiquement envisageable, la théorie du chaos montre qu'il serait impossible de connaître tous les paramètres avec une précision suffisante. Et notre pauvre liberté n'existe que dans cette imprécision.

— Il me semble pourtant que quiconque, ayant la possibilité d'accomplir deux actions, se sent en lui-même la force de pouvoir se décider à sa convenance pour l'une ou pour l'autre, est libre.

— Il n'y aurait là contradiction avec ce que j'ai dit que si l'homme pouvait posséder, à l'égard de lui-même, la pénétration parfaite du regard divin. Il pourrait en effet prévoir ses propres actes volontaires et sa volonté ne serait donc plus libre. Or il n'existe pas d'œil, si perfectionné soit-il, qui soit capable de se voir lui-même.

— Vous considérez-vous comme un « intellectuel » ?

— Je n'aime pas ce mot fourre-tout, trop fortement associé chez nous à l'idée d'engagement. Valéry dit que « le métier des intellectuels est de remuer toutes choses sous leurs signes, noms ou symboles, sans le contrepoids des actes réels ». Je sais seulement que, en tant que physicien, j'ai le choix entre trois postures : *chercheur*, je me contente de produire du savoir ; *expert*, je réponds à des demandes concrètes d'aide à la décision ; *penseur*, je m'autorise à livrer mon opinion sur des sujets hors de ma spécialité, sur la morale ou la politique. Trois postures également légitimes à condition de ne pas les confondre !

Happy end !

Il existe une tendance à oublier que l'ensemble de la science est lié à la culture humaine en général, et que les découvertes scientifiques, même celles qui à un moment donné apparaissent les plus avancées, ésotériques et difficiles à comprendre, sont dénuées de signification en dehors de leur contexte culturel.

Erwin Schrödinger (dans *The British Journal for the Philosophy of Science*)

— Qu'espérez-vous enfin, professeur Fausten ?

— Chacun sait que la *mort* se situe inexorablement à l'horizon de toute existence, même si personne n'en a fait l'expérience.

— Alors l'aumônier pose insidieusement la question au condamné : « N'avez-vous donc aucun espoir et vivez-vous avec la pensée que vous allez mourir tout entier[1] ? »

— « Le monde ici n'est que misère,/ Et l'autre n'est qu'une chimère[2]. » Vous le savez comme moi, mon jeune ami. « Gémir, pleurer, prier est également lâche[3]. » Mais il n'est point besoin d'espérer pour réfléchir ni de savoir pour discuter.

1. A. Camus, *L'Étranger*.

2. C. de Chouvigny, *Chansons*.

3. A. de Vigny, *Les Destinées*.

VI

Épilogue

Accident ou plutôt suicide, le professeur Fausten est mort six mois plus tard, à l'issue du séminaire qu'il avait organisé pour son jubilé[1].

Toute la science qu'il avait su acquérir durant ce demi-siècle de dur labeur ne pouvait être qu'insensée, car la science ne se préoccupe que des causes. Elle nous force à reconnaître que nous vivons une existence inutile, surnuméraire, alors que nous voulons désespérément espérer. Nous sommes les jouets de nos gènes, qui se servent de notre « corps d'épreuve » pour mieux se reproduire ou se livrer au bricolage de l'évolution. Nous suivons, un à un, les convois de nos rêves. Et, quand nos espoirs refluent comme les flots sur la grève, apparaissent les écueils nauséabonds de notre angoisse, celle de n'être au monde que par l'effet d'une farce inventée par un « horloger aveugle ».

Seul le mythe aurait pu lui fournir un espoir qui aurait donné un sens à sa vie. Mais sa conception de la cosmologie n'avait pas réussi à le détourner de la science. Alors, il aurait dû comprendre que c'est la recherche qui est la fina-

1. Voir p. 15.

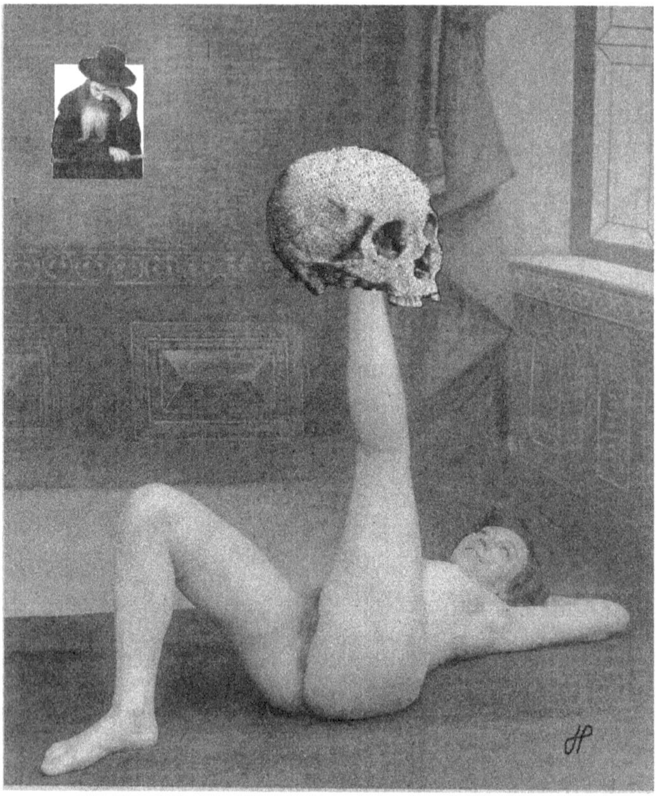

(d'après une carte postale 1900)

Vanité

Quels dômes ! Quels portiques ! Quelles colonnes ! Que d'étoiles ! Ce palais de l'impossible, les hommes voudront toujours l'habiter. Il est splendide, haut, profond, prodigieux, magnifique, colossal, fragile. Il s'écroule le plus souvent avant qu'on y aborde, quelquefois à l'instant où l'on y arrive et sur celui qui entre, quelquefois après qu'on s'y est installé, et qu'on y a vécu, bu, mangé, ri, fait l'amour, et qu'on y a passé plusieurs nuits. Ces évanouissements successifs de tous les songes ne déconcertent aucune espérance. Nous vivons de questions faites au monde imaginaire. Notre destinée entière est une réponse attendue.

Victor Hugo (*Le Promontoire du songe*)

lité de la science, et que le but du chercheur est dans l'effort d'investigation et non dans la récompense de la découverte, toujours douteuse, toujours remise en question. Nous faisons confiance aujourd'hui à Einstein, en pensant que Newton s'est trompé. Mais, avant lui, Galilée s'est mépris, Kepler a erré, Ptolémée s'est fourvoyé… « Tout ce long tâtonnement, c'est la science[1]. » Nos solutions ne sont que provisoires, car nous sommes obligés de simplifier les problèmes, jusqu'à ce que nous soyons capables de les traiter, et nous ne progressons que par approximations successives. Mais « c'est le plus beau sort d'une théorie physique que d'ouvrir la voie à une théorie plus vaste dans laquelle elle continue à vivre comme un cas particulier[2]. »

---

1. V. Hugo, *L'Art et la science.*

2. A. Einstein, *La Relativité.*

Brèves notices

Archimède (287-212 av. J.-C.) : mathématicien, physicien (principe d'hydrostatique) et inventeur.

Aristote (384-322 av. J.-C.) : philosophe (pas de mouvement sans cause).

Avogadro (Amedeo, 1776-1856) : chimiste et physicien (nombre *N* de molécules dans une molécule-gramme).

Bacon (Francis, 1561-1626) : philosophe (*Novum organum*, 1620).

Berkeley (George, 1685-1753) : philosophe (doctrine de l'idéalisme).

Bernard (Claude, 1813-1878) : physiologiste (*Introduction à l'étude de la médecine expérimentale*, 1865).

Bohr (Niels, 1885-1962) : physicien (explication des niveaux d'énergie de l'atome d'hydrogène par les quanta, 1913) ; il est à l'origine du principe de complémentarité (1927).

Born (Max, 1882-1970) : physicien (interprétation probabiliste de la fonction d'onde dans l'équation de Schrödinger, 1926).

Brahe (Tycho, 1546-1601) : astronome (ses observations de la planète Mars ont permis à Kepler d'énoncer ses lois).

Bridgman (Percy, 1882-1961) : physicien et philosophe (doctrine de l'opérationnalisme).

Broglie (Louis de, 1892-1987) : physicien (association d'une onde à toute particule matérielle, 1924) à l'origine de la théorie quantique.

Buffon (Georges Leclerc de, 1707-1788) : naturaliste (*Histoire naturelle*, 1749-1804).

Carnap (Rudolf, 1891-1970) : philosophe des sciences.

Comte (Auguste, 1798-1857) : philosophe (doctrine du positivisme).

Descartes (René,1596-1650) : philosophe (*Discours de la méthode*, 1637), mathématicien (géométrie analytique) et physicien (conservation de la quantité de mouvement, 1644).

Duhem (Pierre, 1861-1916) : philosophe des sciences.

Einstein (Albert, 1879-1955) : physicien (théorie de la relativité restreinte en 1905 – avec la fameuse relation $E = mc^2$ entre masse et énergie, c étant la vitesse de la lumière –, généralisée en 1915 à la gravitation) ; à l'origine de la mécanique quantique avec la relation $E = h\nu$ entre énergie et fréquence d'un rayonnement (pour expliquer l'effet photoélectrique en 1905, h étant la constante de Planck), il fut ensuite très critique sur ses développements probabilistes (argument EPR, 1935).

Faraday (Michael, 1791-1867) : chimiste et physicien (induction électromagnétique, théorie de l'électrolyse).

Feyerabend (Paul, 1924-1994) : philosophe des sciences.

Feynman (Richard, 1918-1988) : l'un des physiciens à l'origine de l'électrodynamique quantique ; il fut aussi un remarquable enseignant.

Friedmann (Alexandre, 1888-1925) : météorologue et cosmologiste (solutions des équations d'Einstein avec expansion de l'Univers, 1922-24).

Galilée (Galileo Galilei dit, 1564-1642) : physicien (loi de la chute des graves et principe de relativité, 1632) ; il fut aussi à l'origine du principe d'inertie (1638) et fit les premières observations à la lunette astronomique (*Le Messager des étoiles*, 1610).

Geiger (Hans, 1882-1945) : physicien (compteur de radiations).

Hadamard (Jacques, 1865-1963) : mathématicien.

Heisenberg (Werner, 1901-1976) : physicien (mécanique des matrices) ; il proposa le principe d'incertitude (1927).

Hume (David, 1711-1776) : philosophe (critique de l'induction).

Infeld (Leopold, 1898-1968) : physicien.

Kant (Emmanuel, 1724-1804) : philosophe (*Critique de la raison pure*, 1781-87).

Kelvin (William Thomson lord, 1824-1907) : physicien (température absolue).

Kepler (Johann, 1571-1630) : astronome (lois régissant la trajectoire elliptique des planètes autour du Soleil).

Locke (John, 1632-1704) : philosophe (doctrine de l'empirisme).

Mach (Ernst, 1838-1916) : physicien et philosophe (*La Mécanique*, 1883).

Marcuse (Herbert, 1898-1979) : philosophe.

Maxwell (James Clerk, 1831-1879) : physicien (théorie cinétique des gaz, théorie de l'électromagnétisme).

Meyerson (Émile, 1859-1933) : philosophe des sciences.

Milgrom (Mordehai, 1946-) : physicien (dynamique pour les très faibles accélérations).

Newton (Isaac, 1642-1727) : mathématicien (calcul infinitésimal avec Leibniz) et physicien (optique, mécanique) ; il expose dans les *Principes mathématiques de philosophie naturelle* (1687) les lois de la dynamique et de la gravitation universelle (l'interaction entre deux corps s'exprime par une force centrale attractive égale au produit par la constante de gravitation G des deux masses, divisé par le carré de leur distance).

Nicolas de Cues (1401-1464) : philosophe (*La Docte ignorance*, 1440).

Occam (Guillaume d', v. 1280-v. 1348) : philosophe nominaliste (principe d'économie).

Penrose (Roger, 1931-) : mathématicien et physicien.

Philolaos (Ve s. av. J.-C.) : médecin et astronome.

Planck (Max, 1858-1947) : physicien (hypothèse des quanta pour expliquer le rayonnement du corps noir, 1900) ; il a introduit des valeurs limites pour le temps et la longueur à très petite échelle.

Poincaré (Henri, 1854-1912) : mathématicien et physicien (*La Science et l'hypothèse*, 1902).

Popper (Karl, 1902-1994) : philosophe (doctrine de l'hypothético-déduction, critère de réfutabilité).

Ptolémée (Claude, IIe s.) : mathématicien et astronome (monde géocentrique).

Rindler (Wolfgang, 1924-) : physicien (horizon dû à l'accélération).

Schrödinger (Erwin, 1887-1961) : physicien (équation d'onde décrivant le comportement spatial et temporel des ondes de de Broglie, 1926) ; il a proposé le célèbre argument du chat enfermé dans sa boîte pour illustrer le problème de la mesure en théorie quantique (1935).

Notes complémentaires

Big bang : La principale force à l'œuvre dans l'Univers est la gravitation. Bien qu'elles n'aient été jusqu'à présent précisément vérifiées qu'à l'intérieur du système solaire, nous allons admettre que les équations de la *relativité* générale sont celles qui peuvent décrire le mieux la dynamique de notre Univers à grande échelle. Cependant leur complexité ne permet pas de calculer une solution dans le cas général et il faut une hypothèse supplémentaire : c'est le principe cosmologique, selon lequel l'Univers est assimilable à un fluide matériel où la densité ρ et la pression P sont identiques en tous points à un instant t cosmique donné ; or l'observation montre que notre Univers semble homogène et isotrope. En l'état actuel, les galaxies sont comme des grains de poussière incohérents et on peut prendre comme équation d'état $P(\rho) = 0$.

Pour simplifier les équations de champ, on utilise un référentiel tel que la surface correspondant à une coordonnée radiale constante (en fait une hypersurface avec trois dimensions spatiales) se déplace en même temps que la matière située sur cette surface. Ainsi les particules de matière ont des coordonnées spatiales indépendantes du temps, alors que les distances mutuelles sont fonctions du temps : la distance entre deux points est égale à la distance calculée à partir des coordonnées spatiales sur l'hypersurface, multipliée par un certain facteur d'échelle $R(t)$ ne dépendant que du temps. La première cosmologie relativiste fut celle proposée par Einstein en 1917. Mais la donnée concernant l'expansion de l'Univers n'était pas encore acquise et il avait ajouté une constante (dite « cosmologique ») à ses équations pour obtenir une solution statique. Friedmann montra que cette constante est inutile et fournit un modèle en expansion, que Lemaître compléta. Après que Hubble eut prouvé l'existence de galaxies extérieures à la nôtre, puis leur récession, Einstein se rallia à ce modèle, qui répond correctement à toutes les contraintes : décalage vers le rouge du spectre des galaxies, rayonnement du fond cosmique à 3 K, synthèse des éléments légers qui n'a pu se faire qu'au début de l'expansion. En posant $R = 0$ à $t = 0$, on obtient un « âge » de l'ordre de 15 milliards d'années.

J. Silk, *Le Big Bang*, Le livre de poche, Paris, 1999.
J. Perdijon, *De l'Univers, op. cit.*

Chaos : Après avoir étudié longuement la perturbation apportée par un troisième corps dans le mouvement d'une planète, Poincaré a écrit dans *Science et méthode* : « Si nous connaissions exactement les lois de la nature et la situation de l'univers à l'instant initial, nous pourrions prédire exactement la situation de ce même univers à un instant ultérieur. Mais, lors même que les lois naturelles n'auraient plus de secret pour nous, nous ne pourrons connaître la situation initiale qu'approximativement [...]. Il peut arriver que de petites différences dans les conditions initiales en engendrent de très grandes dans les phénomènes finaux ; une petite erreur sur les premières produirait une erreur énorme sur les derniers. La prédiction devient impossible et nous avons le phénomène fortuit. » Depuis, le développement des calculateurs a permis de mieux connaître l'influence de l'instabilité des conditions initiales sur les mouvements décrits par des équations non linéaires : c'est l'étude du *chaos*, qui ne remet cependant pas en cause les résultats de la mécanique newtonienne, mais qui affecte même des phénomènes d'apparence très simple.

I. Ekeland, *Le Chaos*, Flammarion, Paris, 1995.

Complémentarité : Prenons par exemple un photon. Dans les expériences dites « à un seul photon », on utilise une source dont la lumière est suffisamment atténuée pour qu'il n'y ait pas plus d'un photon présent dans le dispositif de mesure à un instant donné. Une première question est de savoir si un photon peut se couper en deux. Les expériences pour y répondre sont assez rares et récentes, car elles nécessitent une électronique rapide. Le séparateur est une lame semi-réfléchissante et les détecteurs sont des photomultiplicateurs, placés dans chacune des deux voies du séparateur. Une nette anticorrélation a été observée entre les voies et toutes les expériences ont répondu « non » à la question posée. Une seconde question est de savoir si un photon peut interférer avec lui-même. De très nombreuses expériences ont par contre été montées et la première date de 1909 : Geoffrey Taylor enregistra sur une plaque photographique la figure de diffraction de la pointe d'une aiguille, qui était éclairée par une flamme à travers une fente très étroite et des verres fumés. Depuis, on préfère utiliser un interféromètre ou un photomultiplicateur et presque toutes les expériences ont répondu « oui » à la question posée.

Le photon apparaît donc comme un corpuscule ou comme une onde selon le dispositif qui est utilisé pour le détecter. Mais cette *complémentarité* ne serait-elle pas le résultat d'une alternance des propriétés ondulatoires et corpusculaires de la lumière ? Les deux états possédant ces propriétés se succéderaient à une cadence si rapide que nos mesures (qui ne fournissent que des valeurs moyennes) seraient seulement capables d'enregistrer un état ou l'autre, suivant le dispositif utilisé.

F. Selleri, *Le Grand débat de la théorie quantique*, Flammarion, Paris, 1986.

J. Perdijon, *Le Quantique : un paradoxe de la relativité ?*, DésIris, Gap, 2014.

Horizon de Rindler : D'après le principe d'équivalence posé par Einstein pour la *relativité* générale, on peut penser que, si la gravitation réduit la distance d'horizon d'une étoile à son rayon gravitationnel après effondrement pour former un *trou noir*, il doit se produire quelque chose de semblable pour un corps subissant une accélération violente. On connaît par ailleurs la fameuse relation $E = mc^2$ du même Einstein. Pour un corps subissant l'accélération a, on peut écrire son énergie sous la forme $mc^2 = ma \times c^2/a$: l'énergie de masse d'un corps serait donc égale au travail effectué par la force d'inertie ma le long d'un trajet c^2/a. Mais à quoi peut bien correspondre ce déplacement ?

La vérification la plus spectaculaire de la relation $E = mc^2$ se produit au cours d'une annihilation – celle par exemple d'un électron avec un positon, son antiparticule –, car la matière se transforme alors totalement en rayonnement ; c'est d'ailleurs ainsi qu'on mesure précisément la masse des particules. Pour une telle transformation totale de matière en rayonnement, le déplacement c^2/a est égal au rayon (classique) de l'électron ; il s'agit d'une distance d'horizon, l'*horizon de Rindler*. Ainsi, l'énergie de masse d'une particule peut être considérée comme étant le travail de la force d'inertie qui est nécessaire pour la sortir de son horizon, c'est-à-dire pour l'annihiler.

J. Perdijon, *L'Horizon ou le refus de l'infini*, Vuibert, Paris, 2011.

Limite de Planck : Pour résoudre certains problèmes de la physique quantique, on a souvent essayé d'introduire une longueur minimale. Planck a montré qu'on peut construire une masse à partir des trois constantes fondamentales c, G et h. Le jeu consiste à les combiner, les multipliant ou les divisant les unes par les autres, prenant celle-ci au carré et celle-là au cube, jusqu'à déboucher sur une disposition ayant pour dimension physique celle d'une masse. On en tire un temps – de l'ordre de 10^{-43} s – et une longueur – de l'ordre de 10^{-35} m. Cette construction, assimilable à un *trou noir* quantique, correspondrait à un équilibre entre effets quantiques et gravitationnels ; selon de nombreux auteurs, un tel objet échapperait à la description classique de l'espace-temps et il serait donc non physique de s'intéresser à des grandeurs inférieures à ces valeurs, ce qui a des conséquences en physique des particules et en cosmologie. Mais la constante de Boltzmann est tout aussi importante que les trois autres et on pourrait encore remplacer le triplet (c, G, h) par (q_0, G, c) ou (h, q_0, m_e), avec q_0 la charge élémentaire et m_e la masse de l'électron. De plus, on sait que l'analyse dimensionnelle ne donne des résultats qu'à un facteur numérique multiplicatif près. Enfin l'idée d'une longueur minimale est contraire à la contraction des longueurs en *relativité* restreinte.

J. Perdijon, *L'Horizon ou le refus de l'infini*, *op. cit.*

Matière noire : La courbe de rotation d'une galaxie représente la vitesse de rotation de ses composants (étoiles, nuages de gaz) en fonction du rayon, c'est-à-dire la distance au centre du noyau. Si le mouvement est bien circulaire, on doit pouvoir appliquer la mécanique newtonienne à ces galaxies pour en tirer la masse en rotation. Or, après une montée rapide des vitesses à travers le noyau lumineux, ces courbes présentent un plateau à la périphérie, qui semble se maintenir au-delà de la zone observable : il existe donc de la matière non lumineuse dans un rayon bien supérieur à celui de la partie visible de la galaxie.

Par ailleurs, les observations astronomiques semblent montrer que notre Univers à grande échelle est pratiquement plat : la somme des angles d'un triangle y est bien égale à 180°, comme dans un espace euclidien. Si la courbure avait été positive, l'Univers se serait effondré bien avant le temps présent et, si elle avait été négative, il serait pratiquement vide aujourd'hui. D'après la théorie du *big bang*, sa densité doit donc être précisément égale à une certaine densité critique. Or le recensement local de toute la matière lumineuse des étoiles conduit à une valeur de seulement 0,003 fois cette densité, portée tout au plus à 0,005 si on tient compte du gaz dans les amas de galaxies. Enfin la nucléosynthèse primordiale décrite par le *big bang* ne donne encore qu'une valeur d'environ 0,05.

Pour expliquer ces anomalies, on a d'abord pensé à des planètes ou à des naines brunes – suffisamment grosses pour se maintenir par gravité, mais pas assez pour briller –, ou encore à des astres morts, mais les résultats des recherches ont été décevants. Puisque la *matière noire* est une nécessité à la fois gravitationnelle et cosmologique et qu'elle ne semble pouvoir s'expliquer par de la matière connue, on fait maintenant appel à une matière encore inconnue, à choisir parmi les nombreuses nouvelles particules proposées par la supersymétrie. La particule supersymétrique la plus légère serait stable ; cet objet a été appelé « neutralino ». On ne l'a toujours pas découvert, ni dans les produits des grands accélérateurs ni dans les détecteurs placés dans des mines ou des tunnels. Cette matière énigmatique ne serait-elle pas tout à fait ordinaire : des nuages de gaz dans les puits gravitationnels au milieu des amas de galaxies, dont l'accélération enferme le rayonnement à l'intérieur de leur *horizon de Rindler* ?

R. H. Sanders, *À la recherche de la matière noire*, De Boeck, Bruxelles, 2012.

J. Perdijon, *La Matière noire : substance exotique ou effet relativiste ?*, DésIris, Gap, 2015.

Mécanique quantique : Cette expression recouvre plusieurs versions successives d'une théorie de la matière. La théorie des quanta, créée par Planck en 1900 pour expliquer le rayonnement du corps noir, a d'abord conduit à la discrétisation des échanges d'énergie en microphysique. Puis la mécanique ondulatoire, proposée par de Broglie en 1924, a attribué une longueur d'onde à tout corpuscule. C'est maintenant la théorie quantique des champs.

La *mécanique quantique* prend comme objet non plus un corpuscule ou une onde, mais un être intermédiaire – le quanton –, qui se manifeste tantôt comme un corpuscule, tantôt comme une onde : c'est la *complémentarité* exposée par Bohr en 1927. De plus, le *principe d'incertitude* vient limiter la précision des mesures. La physique quantique permet de décrire de façon très satisfaisante le comportement des atomes et des molécules, mais elle présente de graves difficultés d'interprétation (*problème de la mesure*, *test EPR*, etc.).

S. Ortoli et J.-P. Pharabod, *Le Cantique des quantiques*, La Découverte, Paris, 1984.

Modèle standard : D'après le modèle de la physique des particules actuellement en vigueur :

– la matière se compose de particules appelées « fermions », qui sont elles-mêmes formées à partir de douze particules élémentaires : six quarks (*up*, *down*, *strange*, *charm*, *bottom* et *top*) et six leptons (électron, muon, tauon et les neutrinos associés) ; mais la matière ordinaire est seulement faite à base de quarks *up* et *down* – n'apparaissant jamais à l'état libre – et d'électrons ;

– il existe quatre sortes d'interactions – faible, forte, électromagnétique et gravitationnelle –, trois seulement si on considère que les forces faible et électromagnétique sont deux manifestations d'une même force électrofaible ; du point de vue de la *mécanique quantique*, ces forces s'expliquent par un échange de particules appelées « bosons », qui apparaissent subitement conformément au *principe d'incertitude*, puis disparaissent après transmission de la force (le boson de la force électromagnétique est le photon et celui de la gravité serait le graviton) ;

– quant à la masse, elle serait due à un cinquième champ, le champ de Higgs, qui ne donnerait pas naissance à une force mais « engraisserait » les particules, un peu comme l'encre est absorbée par du papier buvard ; le boson correspondant aurait enfin été découvert (2012).

M. Crozon, *L'Univers des particules*, Seuil, Paris, 1999.

Principe d'incertitude : Proposé par Heisenberg en 1927, ce principe de la *mécanique quantique* montre que, par suite de l'interaction du dispositif de mesure avec le système étudié, il est impossible de déterminer simultanément et avec une précision parfaite deux grandeurs dites « conjuguées », comme la position et la vitesse d'une particule ou encore son énergie et sa durée de vie.

S. Ortoli et J.-P. Pharabod, *Le Cantique des quantiques*, *op. cit.*
J. Perdijon, *La Nature a-t-elle des principes* ?, Vuibert, Paris, 2010.

Problème de la mesure : Pour décrire l'évolution d'un système quantique, il faut deux mécanismes différents selon que le système est observé ou non ; c'est le *problème de la mesure*. L'état du système est caractérisé par la valeur prise par un certain nombre de grandeurs à un instant donné. En *mécanique quantique*, il est décrit par la fonction d'onde, encore appelée « vecteur d'état » du système. En l'absence de mesure, l'état évolue conformément à une certaine équation différentielle linéaire, l'équation de Schrödinger, qui permet de connaître l'état $\psi(t)$ à tout moment à partir d'un état initial $\psi(t_0)$, à condition qu'aucune mesure ne vienne perturber le système après cette détermination initiale. Or tous les états quantiques possibles du système forment un certain espace vectoriel ; il en résulte que la combinaison linéaire de deux états quelconques doit former aussi l'un des états possibles : on dit qu'il s'agit alors d'un « état superposé ».

Ce passage d'un état superposé, où les grandeurs ne sont pas interprétables, à un état physique, avec des grandeurs mesurables, est ce qu'on appelle la « réduction du paquet d'ondes ».

Ainsi y a-t-il opposition entre d'une part une équation qui indique de façon parfaitement déterministe que, à partir de l'état initial $\psi(t_0)$, l'état est devenu $\psi(t_1)$ en l'absence de mesure, et d'autre part une réduction du paquet d'ondes qui permet de prévoir de façon probabiliste, à partir du même état initial, que le résultat d'une mesure éventuelle donnerait tel état classiquement observable ψ_i avec une probabilité p_i. Ce problème est illustré par le « chat de Schrödinger » qui est enfermé dans une boîte avec une capsule de cyanure, placée sous un marteau dont la chute peut être déclenchée par la détection de la désintégration d'un atome radioactif. Ainsi le chat « mesure » l'état de l'atome : si celui-ci est intact, le chat est vivant, s'il se désintègre, le chat meurt. À un moment donné, la superposition des deux états quantiques conduit à supposer la superposition d'un chat à moitié mort, à moitié vivant !

F. Selleri, *Le Grand débat de la théorie quantique*, *op. cit.*
J. Perdijon, *Le Quantique : un paradoxe de la relativité ?*, *op. cit.*

Relativité : Selon l'article d'Einstein publié en 1905, la vitesse de la lumière prend une valeur finie c, qui de plus constitue une limite supérieure à la vitesse de propagation de tout signal ou action. Imaginons qu'en un point O de l'espace, un éclair est émis à l'instant 0. Le front de l'onde lumineuse est une sphère centrée en O, dont le rayon croît à la vitesse c, pour atteindre la valeur ct à l'instant t. On peut essayer de représenter le phénomène sur un diagramme où les dimensions d'espace sont réduites à deux (pour remplacer les sphères par des cercles) et où le temps – ou plutôt ct – est porté verticalement ; ainsi les cercles successifs engendrent un cône de demi-angle au sommet 45° – appelé « cône de lumière » –, qui décrit l'histoire de l'éclair. On voit que, dans cette description, espace et temps sont devenus intimement imbriqués pour donner un continuum à quatre dimensions : l'espace-temps. La séparation entre deux événements reste certes absolue, mais elle résulte maintenant d'une combinaison entre des séparations spatiale et temporelle ; on ne peut donc plus parler de la simultanéité de deux événements. Inversement, pour que l'événement O, qui se produit à l'origine $x = y = z = 0$ à l'instant $t = 0$, ait pu être influencé par l'événement M de coordonnées (x, y, z, t), il faut que l'intervalle d'espace $(x^2 + y^2 + z^2)^{1/2}$ soit inférieur à l'intervalle de temps t multiplié par c. En d'autres termes, pour que O et M puissent être en relation causale, il faut que M soit situé à l'intérieur de la nappe inférieure du cône de lumière de sommet O, qui constitue un horizon des événements.

Après dix ans d'effort, Einstein étendit sa théorie à la gravitation. Il choisit l'espace étudié au siècle précédent par Riemann, qui est caractérisé par une seule courbure. Pour en avoir une idée, il faut à nouveau supprimer deux dimensions à notre espace-temps. Traçons sur cette surface gauche deux réseaux de courbes tels qu'en chaque point passe une courbe de chaque réseau et une seule ; c'est l'équivalent du quadrillage cartésien dans le plan. Il est donc possible de repérer un point de la surface par ses deux coordonnées x et y lues sur les courbes qui y passent. La métrique de cet espace, définie par le carré de la distance entre deux points très voisins, s'exprime sous la forme d'une somme de quatre termes contenant respectivement $\mathrm{d}x^2$, $\mathrm{d}y^2$, $\mathrm{d}x\,\mathrm{d}y$ et $\mathrm{d}y\,\mathrm{d}x$. Les coefficients de ces termes dépendent de la courbure au point considéré et, par symétrie, on a le même coefficient pour $\mathrm{d}x\,\mathrm{d}y$ et pour $\mathrm{d}y\,\mathrm{d}x$. Le tableau de ces coefficients forme un tenseur : pour quatre dimensions, on a seize termes mais, par symétrie, il ne reste que dix composantes distinctes. La courbure de l'espace est un autre tenseur qui se déduit de sa métrique. On calcule par ailleurs le tenseur de tous les apports énergétiques dus aux masses et la nouvelle loi de gravitation consiste à équilibrer ces apports par la courbure. La *relativité* générale était née. Bien entendu, à la limite quand la courbure s'aplatit, on retrouve la loi newtonienne. Friedmann a donné la solution du *big bang* et Schwarzschild celle du *trou noir*.

A. Einstein, *La Relativité*, Payot, Paris, 1964.

Supercordes : Pour remédier à certaines insuffisances du *Modèle standard*, les physiciens ont développé des théories de grande unification (TGU), de façon à unifier les interactions forte et électrofaible, en attendant la future « Théorie du Tout » (TdT) qui doit intégrer la gravitation. Ce fut d'abord la théorie de jauge SU(5) – ainsi appelée d'après le groupe de symétrie qu'elle utilise –, qui prévoyait une instabilité du proton. Le manque de confirmation expérimentale a relancé les études théoriques. On trouve principalement sur le marché des théories supersymétriques ou à base de cordes. Beaucoup d'espoirs reposent actuellement sur une alliance des deux types, la théorie des *supercordes* construite dans un espace à dix dimensions ; elle permettrait de représenter toutes les particules élémentaires par des cordes de longueur inférieure à la *limite de Planck*, ouvertes ou fermées, dont la fréquence de vibration déterminerait la masse de la particule. Mais la théorie est en crise.

L. Smolin, *Rien ne va plus en physique !*, Dunod, Paris, 2007.

Test EPR : Le problème a été exposé pour la première fois par Einstein, Podolsky et Rosen, dans l'article dit EPR de 1935. Tout d'abord les auteurs posent un critère de réalité physique : si, en ne perturbant aucunement un système, on peut prédire avec certitude la valeur d'une grandeur physique qui le caractérise, alors il existe un élément de la réalité qui correspond à cette grandeur. Puis ils considèrent un système composé de deux particules A et B qui ont interagi un certain temps avant de se séparer sans plus jamais interagir. La *mécanique quantique* décrit le système $A + B$ par une fonction d'onde unique. Si on mesure la quantité de mouvement de la particule A, avec le résultat p_A, la fonction d'onde permet de prédire avec certitude celle p_B de la particule B, sans aucunement la perturber ; il doit donc exister un élément de réalité correspondant à p_B. De même, si on mesure la position de la particule A, avec le résultat q_A, on en tire q_B auquel doit correspondre un autre élément de réalité. Or p et q sont deux grandeurs conjuguées, que la théorie quantique ne peut déterminer précisément simultanément : d'après le *principe d'incertitude*, on a en effet $\Delta p \times \Delta q \geq h / 2\pi$, h étant la constante de Planck. Puisque ces éléments de la réalité n'ont pas de contrepartie dans la théorie, celle-ci est incomplète.

Mais il ne s'agissait que d'une expérience de pensée et Bohm en donna une formulation plus réaliste qui s'appliquait à des protons. John Bell montra en 1965 que, pour une telle expérience, les prévisions statistiques de la théorie quantique pouvaient, dans certaines circonstances, différer de celles d'une théorie locale où l'on suppose l'existence d'une certaine variable cachée, et il établit une inégalité qui devait être en certains cas violée par la *mécanique quantique*. Les expériences avec des photons polarisés étant plus faciles à réaliser, une nouvelle forme de l'inégalité fut proposée. Une source émet deux photons en cascade, par l'excitation d'un atome qui retourne à son état initial en passant par un état intermédiaire, dans un laps de temps très bref ; du fait de la conservation de la quantité de mouvement, les deux photons sont émis selon la même direction mais en sens opposés. Pour détecter quelques-unes de ces paires de photons, on aligne de part et d'autre de la source deux polariseurs (dont on peut régler l'orientation), deux filtres (accordés à la fréquence de chacun des photons) et deux photomultiplicateurs (connectés à un compteur qui enregistre une coïncidence quand le deuxième photon est détecté très peu de temps après le premier). Presque toutes les expériences, en particulier celle réalisée par Aspect et son équipe en 1982, ont conclu à l'exactitude des prévisions quantiques. Parmi les différents concepts impliqués, la plupart des physiciens ont choisi d'abandonner celui de localité, mais quelques-uns s'interrogent encore sur la validité du théorème de Bell : il semble en effet que la difficulté se réduit à un problème de probabilités composées.

F. Selleri, *Le Grand débat de la théorie quantique*, *op. cit.*
J. Perdijon, *Le Quantique : un paradoxe de la relativité ?*, *op. cit.*

Trou noir : Dans le cadre de la *relativité* restreinte, le cône de lumière en un point de l'espace-temps est engendré par toutes les trajectoires possibles des photons, alors que les trajectoires des autres particules massives sont situées à l'intérieur de ce cône. D'après la *relativité* générale, les cônes de lumière sont déviés par les champs gravitationnels. Prenons le cas le plus simple d'un corps sphérique sans rotation dans le vide (solution dite de Schwarzschild) et voyons comment un *trou noir* peut se former par effondrement de cette masse sur elle-même. Au fur et à mesure que le corps s'effondre, l'espace-temps qui l'environne se courbe et les cônes de lumière s'inclinent vers l'intérieur tout en se fermant progressivement. Quand le rayon du corps se réduit à son rayon gravitationnel, les cônes sont tellement inclinés qu'il se forme un horizon des événements ; mais celui-ci est indépendant de la situation de l'observateur. À partir de ce moment, toutes les trajectoires des ondes électromagnétiques – et *a fortiori* des particules matérielles – sont tournées vers l'intérieur du corps, dont la vue est définitivement masquée à tout observateur extérieur.

J.-P. Luminet, *Les Trous noirs*, Belfond, Paris, 1988.

Origine des illustrations[1]

Relation d'incertitudes (1991) : p. 34.

De l'Univers (2000) : p. 12.

Les Grandes idées de la physique (2002) : pp. 42, 80.

Contrôle des matériaux (2003) : pp. 40, 48, 86.

La Mesure (2004) : p. 30.

Einstein, la relativité et les quanta (2005) : pp. 36, 60, 62.

La Formation des idées en physique (2007) : pp. 20, 28, 32, 68, 72, 82.

Histoire de la physique (2008) : pp. 16, 22.

La Solitude du cosmologiste (2008) : p. 84.

La Nature a-t-elle des principes ? (2010) : pp. 56, 64.

Le Quantique : un paradoxe de la relativité ? (2014) : pp. 10 (non publiée), 38 (non publiée), 44, 52, 76 (non publiée).

La Matière noire : substance exotique ou effet relativiste ? (2015) : pp. 24, 46, 50, 58, 70, 74.

Autre origine : pp. 14, 78, 90.

---

1. L'illustration p. 6 est tirée de *L'Idée fixe du savant Cosinus*.

Index

Table

Sciences

aux éditions L'Harmattan

Dernières parutions

BAROMÈTRES, MACHINES PNEUMATIQUES ET THERMOMÈTRES
Chez et autour de Pascal, d'Amontons et de Réaumur
Locqueneux Robert
Cet ouvrage présente à la fois une histoire et une anthologie des travaux de quelques physiciens qui ont conçu et fabriqué des baromètres, des machines à vide et des thermomètres, instruments qui, en leur temps (XVIe et XVIIIe siècles), furent des inventions nouvelles. Les travaux de trois auteurs sont privilégiés : Pascal, Amontons et Réaumur avec une remise en contexte de leurs ouvrages, des événements qui les motivent, des travaux qui les inspirent, des questions qu'ils se posent et des phénomènes qu'ils veulent interpréter.
(Coll. Acteurs de la Science, 21.00 euros, 204 p.)
ISBN : 978-2-343-04995-3, ISBN EBOOK : 978-2-336-37182-5

MILLE ANS D'ASTRONOMIE ET DE GÉOPHYSIQUE
D'Aristote au haut Moyen Âge
De Felice Pierre
Le ciel et la terre sont observés depuis la plus haute antiquité. Ne disposant pas d'instruments de mesure appropriés, les hommes proposent des explications incluant l'action divine ou s'en affranchissant. D'Aristote (IVe siècle avant J.-C.) jusqu'à Isidore de Séville (VIe-VIIe siècles après J.-C.), les auteurs grec, latin, médiéval ont compilé et décrit les connaissances de leur temps sur les astres, les phénomènes atmosphériques et géophysiques en tentant de démythifier le monde qui les entoure. Ce livre illustre aussi le difficile processus de naissance de la connaissance.
(Coll. Acteurs de la Science, 14.00 euros, 128 p., Illustré en noir et blanc)
ISBN : 978-2-343-03816-2, ISBN EBOOK : 978-2-336-36544-2

CE MONDE QUI VIENT
Sciences, matérialisme et posthumanisme au XXIe siècle
Basquiat Jean-Paul - Préface de Paul Basquiat
Le monde qui vient sera ce que nous en ferons. Encore faut-il avoir le courage de regarder l'avenir en face. C'est à cet effort salutaire que cet opuscule invite le lecteur. Appuyé sur les recherches les plus pointues, il propose de décrypter sous tous ses aspects le monde nouveau porté par l'évolution des sciences et des techniques.
(Coll. Questions contemporaines, 10.00 euros, 66 p.)
ISBN : 978-2-343-05055-3, ISBN EBOOK : 978-2-336-36475-9

MANUEL DES PROBABILITÉS OU MATHÉMATIQUES DE L'INCERTAIN

Laloire Jean-Claude - Préface de Michel Delecroix

Ce manuel présente les aspects pratiques de l'analyse des données et les aspects théoriques des probabilités. Cela permet à la fois de comprendre les phénomènes observés, d'en déduire une prévision et ainsi de se projeter vers l'avenir avec un maximum de sécurité. Les méthodes proposées s'appliquent aussi bien aux sciences humaines qu'aux sciences biologiques et médicales et sont mises en pratique à l'aide de nombreux exercices corrigés.

(48.00 euros, 504 p.)

ISBN : 978-2-343-04627-3, ISBN EBOOK : 978-2-336-36043-0

VALEUR (LA) DE L'ESPÈCE

La biodiversité en questions

Lherminier Philippe

Philippe Lherminier est généticien; il propose de s'interroger sans faux-semblant sur la valeur de l'espèce. Que perd-on lorsqu'une espèce s'éteint ? Quelle valeur disparaît ? Il y a de multiples réponses : l'espèce vaut parce qu'elle est utile ou inutile, abondante ou rare, connue ou inconnue, ancienne ou récente, proche ou lointaine, ressemblante ou différente de l'homme, comprise ou mystérieuse.

(Coll. Acteurs de la Science, 13.50 euros, 128 p.)

ISBN : 978-2-343-04141-4, ISBN EBOOK : 978-2-336-35913-7

QUESTIONNEMENTS D'UN OCÉANOGRAPHE

Une immersion dans le monde de la recherche et les questions éthiques qu'elle soulève

Pichevin Thierry

Ce livre décrit de l'intérieur le travail de recherche en océanographie physique de Thierry Pichevin, son contexte, ses méthodes et ses enjeux procurant ainsi au lecteur une immersion dans le quotidien d'un chercheur. D'autre part, il procède à l'analyse éthique rigoureuse des questionnements rencontrés, tout en montrant que tout chercheur peut être confronté à des questionnements comparables.

(22.00 euros, 226 p.)

ISBN : 978-2-343-03444-7, ISBN EBOOK : 978-2-336-35786-7

À L'OMBRE DES FORÊTS

Usages, images et imaginaires de la forêt

Sous la direction de Philippe Billet, Claire Harpet et Jean-Philippe Pierron

Qu'est-ce qu'une forêt ? De quoi sont faites les forêts ? Nous construisons tous une image de la forêt empreinte de vécus et d'imaginaires, procédant d'une accumulation de souvenirs, de connaissances et de représentations médiatiques et institutionnelles. A l'aune d'une prise de conscience de la finitude des ressources naturelles et du changement climatique, il est fondamental de savoir ce que la «forêt» veut dire.

(Coll. Éthique, droit et développement durable, 26.00 euros, 248 p.)

ISBN : 978-2-343-02807-1, ISBN EBOOK : 978-2-336-35819-2

UN BOTANISTE AUTOUR DU MONDE

Afrique, Amérique, Australie

Delange Yves

L'auteur, botaniste, nous invite à la découverte des différents milieux naturels peu connus des Européens, notamment ceux encore peu altérés par la civilisation et caractéristiques de formations extrêmement riches sur le plan de la diversité biologique, tels que les mattorales ou hauts plateaux mexicains, le bush, le veld et le fynbos en Afrique australe, ou encore le mulga, le mallee et la jarrah forest australiens.

(Coll. Biologie, écologie, agronomie, 25.00 euros, 256 p.)

ISBN : 978-2-343-03492-8, ISBN EBOOK : 978-2-336-35415-6

VOYAGES D'UN BOTANISTE EN EURASIE

France, Scandinavie, Italie, Grèce, Japon, Inde, Cambodge

Delange Yves

L'auteur, botaniste, nous présente ici nombre d'espèces végétales, à travers ses récits de voyages, des pays du nord de l'Europe jusque dans la lointaine Asie, avec des séjours dans différents espaces méditerranéens. Il livre également de nombreuses informations recueillies au cours de rencontres avec différentes cultures, concernant les productions agricoles, l'alimentation, les traditions culinaires, mais aussi diverses spiritualités vouées aux cultes de la nature, en Inde et en Extrême-Orient.

(Coll. Biologie, écologie, agronomie, 21.50 euros, 224 p.)

ISBN : 978-2-343-03491-1, ISBN EBOOK : 978-2-336-35416-3

COELACANTHE (LE), UNE ESPÈCE ANIMALE À L'ÉPREUVE DES MÉDIAS

Barrère Florent

Le coelacanthe est l'objet de bien des fantasmes : affaire commerciale dans les îles Comores ; course au «spécimen» naturalisé dans les muséums ; étude anatomique dans le seul but de conforter l'hypothèse du «grand-père de l'Homme»... Devenu à ses dépens vedette médiatique, le coelacanthe s'extraira de ce marasme par un retour à son objet scientifique initial : dans les années quatre-vingt, le coelacanthe est enfin filmé dans son milieu naturel.

(Coll. Champs visuels, 20.00 euros, 192 p.)

ISBN : 978-2-296-99785-1, ISBN EBOOK : 978-2-296-53096-6

RÉSEAUX (LES) DE NEURONES DE LA CONSCIENCE

Approche multidisciplinaire du phénomène

Rollet Guy

Cet ouvrage vise à la compréhension de la conscience. Il apparaît que les neurosciences computationnelles apportent incontestablement des éléments décisifs. Un réseau de neurones original est conçu pour coder une conscience *stricto sensu*, capable de raisonnement et de prise de décision. Celle-ci peut être orientée par les émotions. La capacité d'agir, la composition du Soi et la verbalisation de la pensée peuvent alors être envisagées.

(Coll. Biologie, écologie, agronomie, 25.00 euros, 240 p.)

ISBN : 978-2-336-00597-3, ISBN EBOOK : 978-2-296-51375-4

SCIENCE (LA), SYMPTÔME DE L'OCCIDENT
Le «comment» des impasses de la recherche scientifique occidentale
Thiebert Lawrence
Et si les scientifiques avaient trop compliqué leur processus de démonstration ? Et si la démonstration, peu concluante, s'embourbait simplement parce qu'elle relève en vrai d'un raisonnement paralogique psychiatrique tel que celui que l'on rencontre dans le discours du paranoïaque, discours logique certes mais qui part d'un postulat faux ? Nous sous-entendons ici que cette hypothèse est fort probable.
(Coll. Pensée Africaine, 13.00 euros, 116 p.)
ISBN : 978-2-296-97025-0, ISBN EBOOK : 978-2-296-50278-9

CHERCHEURS, ÉTHIQUES ET SOCIÉTÉS
L'avenir de l'avenir
Patrice Thierry
Peu appréhendée par les décideurs, la biologie conditionnera nos sociétés, les rapports entre les hommes, entre eux et l'environnement. Le monde de la recherche est mal connu, parfois mal aimé ou craint. Il semble donc utile d'instituer un débat pour préciser les objectifs, les moyens, l'information et la vulgarisation, la propriété des résultats et l'appréhension des conséquences de la recherche en biologie.
(Coll. Ethique et pratique médicale, 31.00 euros, 298 p.)
ISBN : 978-2-296-57790-9, ISBN EBOOK : 978-2-296-50418-9

CAMILLE ARAMBOURG. UN PALÉONTOLOGUE, DE L'ALGÉRIE À L'AFRIQUE PROFONDE
Hadjouis Djillali - Préface de Yves Coppens
Depuis les plaines sahéliennes d'Oran à la Vallée de l'Omo en Éthiopie, en passant par les côtes du littoral atlantique, jusqu'au Moyen-Orient, Camille Arambourg aura fait connaître, au cours de ses recherches, non seulement les fossiles de l'Afrique mais également ceux des autres régions du monde. Ce livre retrace le parcours de cet homme qui identifia plus de 230 taxons (familles, genres, espèces) de mammifères et de poissons.
(Coll. Acteurs de la Science, 25.00 euros, 242 p.)
ISBN : 978-2-296-96391-7

SCIENCE (LA), CREUSET DE L'INHUMANITÉ
Décoloniser l'imaginaire occidental
Royer Jean-Marc
En 1610, Galilée promeut un mode de connaissance qui se veut une lecture mathématique de l'Univers. Face à lui, l'Église. Un long combat s'engage alors, lois contre lois. Un siècle et demi plus tard, tandis que naît la fabrique industrielle basée sur le charbon, les philosophes optent pour ces «lumières». Ce savoir qui voulait mettre la subjectivité à distance aura réussi au-delà de toute espérance : c'est l'être humain que la rationalité calculatrice a rendu obsolète.
(Coll. Questions contemporaines, 23.00 euros, 218 p.)
ISBN : 978-2-296-96233-0

L'HARMATTAN ITALIA
Via Degli Artisti 15; 10124 Torino
harmattan.italia@gmail.com

L'HARMATTAN HONGRIE
Könyvesbolt ; Kossuth L. u. 14-16
1053 Budapest

L'HARMATTAN KINSHASA
185, avenue Nyangwe
Commune de Lingwala
Kinshasa, R.D. Congo
(00243) 998697603 ou (00243) 999229662

L'HARMATTAN CONGO
67, av. E. P. Lumumba
Bât. – Congo Pharmacie (Bib. Nat.)
BP2874 Brazzaville
harmattan.congo@yahoo.fr

L'HARMATTAN GUINÉE
Almamya Rue KA 028, en face
du restaurant Le Cèdre
OKB agency BP 3470 Conakry
(00224) 657 20 85 08 / 664 28 91 96
harmattanguinee@yahoo.fr

L'HARMATTAN MALI
Rue 73, Porte 536, Niamakoro,
Cité Unicef, Bamako
Tél. 00 (223) 20205724 / +(223) 76378082
poudiougopaul@yahoo.fr
pp.harmattan@gmail.com

L'HARMATTAN CAMEROUN
BP 11486
Face à la SNI, immeuble Don Bosco
Yaoundé
(00237) 99 76 61 66
harmattancam@yahoo.fr

L'HARMATTAN CÔTE D'IVOIRE
Résidence Karl / cité des arts
Abidjan-Cocody 03 BP 1588 Abidjan 03
(00225) 05 77 87 31
etien_nda@yahoo.fr

L'HARMATTAN BURKINA
Penou Achille Some
Ouagadougou
(+226) 70 26 88 27

L'HARMATTAN SÉNÉGAL
10 VDN en face Mermoz, après le pont de Fann
BP 45034 Dakar Fann
33 825 98 58 / 33 860 9858
senharmattan@gmail.com / senlibraire@gmail.com
www.harmattansenegal.com

L'HARMATTAN BÉNIN
ISOR-BENIN
01 BP 359 COTONOU-RP
Quartier Gbèdjromèdé,
Rue Agbélenco, Lot 1247 I
Tél : 00 229 21 32 53 79
christian_dablaka123@yahoo.fr

Achevé d'imprimer par Corlet Numérique - 14110 Condé-sur-Noireau
N° d'Imprimeur : 126326 - Dépôt légal : février 2016 - *Imprimé en France*

www.ingramcontent.com/pod-product-compliance
Lightning Source LLC
LaVergne TN
LVHW010024081026
849535LV00016B/3287
* 9 7 8 2 3 4 3 0 8 6 9 8 9 *